WERKREALSCHULE

Original-Prüfungsaufgaben
mit Lösungen

2013

Mathematik
Deutsch · Englisch

Abschlussprüfung nach Klasse 10
Baden-Württemberg
2009–2012

STARK

Bildnachweis
Umschlag: © Baloncici/Dreamstime.com; © stockxpert;
© Swenja Boettcher/Dreamstime.com
Seite M 2009-6: © Achim Mende
Seite M 2009-7: © Franz Pfluegl/Fotolia.com
Seite M 2010-4: © Melking/Dreamstime.com
Seite M 2011-6: © picture-alliance/Sven Simon
Seite M 2012-6: © Adnergje/wikipedia.com; diese Datei ist unter der Creative Commons-Lizenz Namensnennung-Weitergabe unter gleichen Bedingungen 2.5 US-amerikanisch (nicht portiert) lizenziert.

ISBN 978-3-8490-0011-0

5. ergänzte Auflage
www.stark-verlag.de

Inhalt

Autoren:
Mathematik: Walter Schmid
Deutsch: Claudia Pangh, Redaktion
Englisch: Isabell Strobl

Vorwort

Liebe Schülerin, lieber Schüler,

das vorliegende Buch hilft dir, dich in den Fächern **Mathematik**, **Deutsch** und **Englisch** effektiv auf den Mittleren Bildungsabschluss an der Werkrealschule vorzubereiten.

Dieser Sammelband enthält die **Original-Prüfungsaufgaben 2009 bis 2012** mit ausführlichen **Musterlösungen** zur gezielten Prüfungsvorbereitung. Bei den Lösungen findest du hilfreiche **Hinweise und Tipps** zur Bearbeitung der einzelnen Aufgaben. Sie zeigen dir, wie du am besten vorgehst und worauf du beim Lösen der jeweiligen Aufgabe besonders achten musst.

Wir wünschen dir viel Spaß beim Üben und viel Erfolg in deinen Prüfungen!

Stark Verlag

Hinweise und Tipps

Die Aufgaben für die schriftliche Abschlussprüfung nach der 10. Klasse der Werkrealschule werden zentral vom Kultusministerium gestellt, d. h., alle Schülerinnen und Schüler in Baden-Württemberg müssen dieselben Aufgaben lösen. Die **schriftliche Prüfung** wird in den Fächern **Mathematik**, **Deutsch** und **Englisch** abgelegt.

Die **Bearbeitungszeiten** für die schriftlichen Prüfungen wurden folgendermaßen festgelegt:

Mathematik	240 Minuten
Deutsch	240 Minuten
Englisch	120 Minuten

Die **Gesamtleistung** in den einzelnen Prüfungsfächern errechnet sich jeweils aus dem Durchschnitt deiner **Jahresleistung** und deiner **Prüfungsleistung**. Jahresleistung und Prüfungsleistung zählen jeweils 50 %. In allen drei Fächern kannst du zusätzlich eine **freiwillige mündliche Prüfung** ablegen. Wenn du dich für eine zusätzliche mündliche Prüfung entscheidest, zählen schriftliche und mündliche Prüfung jeweils 25 %.
Hinweise und Tipps zum Ablauf der Prüfung in den einzelnen Fächern findest du im jeweiligen Fachkapitel dieses Buchs.

Sollten nach Erscheinen dieses Bandes noch **wichtige Änderungen** für die **Abschlussprüfungen 2013** vom Ministerium für Kultus, Jugend und Sport bekannt gegeben werden, findest du **aktuelle Informationen** dazu im **Internet** unter: www.stark-verlag.de/info.asp?zentrale-pruefung-aktuell

Die **fachlich orientierte Projektprüfung** ist ein fester Bestandteil der Abschlussprüfung nach der 10. Klasse Werkrealschule. Ziel der Projektprüfung ist es, nicht nur Fachwissen in die Prüfung einzubringen, sondern auch Sozialverhalten, Arbeitsverhalten, Teamfähigkeit und andere Kompetenzen in die Prüfung mit einzubeziehen. Sie besteht aus einem **Projekt**, das von einer **Gruppe gemeinsam durchgeführt** wird. Dieses Projekt umfasst

- die **Vorbereitung** mit der Themenfindung, Gruppenbildung und Projektbeschreibung,
- die **Durchführung** im Umfang von mindestens 20 Unterrichtsstunden,
- die **Präsentation** der Projektergebnisse durch die gesamte Gruppe in einem Prüfungsgespräch von ca. 30 bis 60 Minuten.

Die themenorientierte Projektprüfung ist eine Gruppenprüfung, bei der aber individuelle Noten erteilt werden.

Als Orientierung kann dieser grobe Leitfaden bei der Vorbereitung und Durchführung helfen:

- Der 1. Schritt ist die **Bildung einer Gruppe** (3 bis 5 Schüler) und die **Themenfindung**. Das Thema muss Bezüge zur Lebens- und Arbeitswelt enthalten. In der Gruppe solltet ihr alle hinter dem Thema stehen.

- Im nächsten Schritt müsst ihr **Material** für euer Thema finden. Verteilt die Arbeit gleichmäßig und haltet euch gegenseitig über den Stand der Arbeit auf dem Laufenden. Überlegt, welche **Informationsquellen** ihr nutzen könnt, z. B. das Internet, Bibliotheken, aber auch Freunde und Verwandte.
- Wenn ihr genügend Material gefunden habt, müsst ihr eine **Projektbeschreibung** erstellen. Diese Beschreibung ist wichtig zur Orientierung und Strukturierung eurer Arbeit.
- Nun folgt die **Auswertung des Materials**. Konzentriert euch hier auf die wichtigsten Informationen zu eurem Thema und wählt gut aus, damit ihr nicht zu viele Informationen habt, die ihr vielleicht gar nicht alle verwenden könnt.
- Im Anschluss an die Materialauswertung könnt ihr eure **Präsentation** vorbereiten, die im zweiten Schulhalbjahr stattfindet: Macht euch Notizen in Stichworten. So kann man sich leichter merken, was man sagen möchte. Ihr solltet einen Teil eurer Ergebnisse auf Plakaten präsentieren. Hier sind eurer Kreativität und Fantasie keine Grenzen gesetzt. Achtet nur darauf, dass alles übersichtlich und leicht verständlich ist. Außerdem muss jedes Gruppenmitglied während der Durchführung eine Dokumentation erstellen, zum Beispiel in Form eines individuellen **Arbeitstagebuchs**. Besprecht die Anforderungen dazu mit den beiden Lehrkräften, die euch während der Erarbeitungsphase beratend zur Seite stehen.

<table>
<tr><th>Mathematik</th><th>Deutsch</th><th>Englisch</th><th>Projektprüfung</th></tr>
<tr><td rowspan="2">Zentrale schriftliche Prüfung</td><td rowspan="2">Zentrale schriftliche Prüfung</td><td>Zentrale schriftliche Prüfung</td><td rowspan="4">Fachlich orientierte Projektprüfung</td></tr>
<tr><td>Dezentrale mündliche Prüfung</td></tr>
<tr><td>Freiwillige mündliche Prüfung</td><td>Freiwillige mündliche Prüfung</td><td>Freiwillige mündliche Prüfung</td></tr>
<tr><td>Jahresleistung</td><td>Jahresleistung</td><td>Jahresleistung</td></tr>
</table>

Mathematik

Hinweise und Tipps

Im Folgenden erfährst du alles Wichtige zu den verschiedenen Aufgabenarten sowie zum Ablauf der Prüfung im **Fach Mathematik**.

Wie ist die Prüfung aufgebaut?

Die Abschlussprüfung besteht aus zwei Teilen:

- **Grundkenntnisse**
  Von den acht Aufgaben sind alle zu beantworten. Für jede richtig gelöste Aufgabe gibt es einen Punkt.
- **Wahlaufgaben**
  Dieser Teil besteht aus vier Aufgaben, jeweils mit a-, b- und c-Teil. Von diesen Aufgaben müssen jeweils **drei a-Teile**, **drei b-Teile** und **drei c-Teile** bearbeitet werden. Mindestens ein Aufgabenteil muss unter Verwendung eines Tabellenkalkulationsprogramms gelöst werden. Diese dafür geeigneten Aufgaben sind mit TK gekennzeichnet. Für jede Teilaufgabe ist ein gesondertes Blatt zu verwenden. Die Lösungswege müssen nachvollziehbar sein. Für jede richtig gelöste Teilaufgabe gibt es drei Punkte. Werden mehr als jeweils drei Teilaufgaben bearbeitet, so werden die drei besten gewertet.

Wie lange dauert die Prüfung?

Die Bearbeitungszeit für die Grundkenntnisse beträgt **45 Minuten**, für die Wahlaufgaben stehen **195 Minuten** zur Verfügung. Zwischen den beiden Prüfungsteilen gibt es eine **Pause** von mindestens 15 Minuten bis maximal 45 Minuten.

Welche Hilfsmittel sind erlaubt?

Für beide Prüfungsteile sind **Zeichengeräte**, **Taschenrechner** und eine zugelassene **Formelsammlung** erlaubt. Für die Bearbeitung der Wahlaufgaben gibt es **Computer** in ausreichender Anzahl.

Wie wird die Prüfung benotet?

Bei der Prüfung können insgesamt **35 Punkte** erreicht werden. Der Bewertungsschlüssel sieht folgendermaßen aus:

Punkte	Note	Punkte	Note	Punkte	Note
35,0	**1,0**	23,0	2,7	11,5 bis 11,0	4,4
34,5 bis 34,0	1,1	22,5	2,8	10,5	4,5
33,5	1,2	22,0 bis 21,5	2,9	10,0 bis 9,5	4,6
33,0	1,3	21,0	**3,0**	9,0	4,7
32,5 bis 32,0	1,4	20,5 bis 20,0	3,1	8,5	4,8
31,5	1,5	19,5	3,2	8,0 bis 7,5	4,9
31,0 bis 30,5	1,6	19,0	3,3	7,0	**5,0**
30,0	1,7	18,5 bis 18,0	3,4	6,5 bis 6,0	5,1
29,5	1,8	17,5	3,5	5,5	5,2
29,0 bis 28,5	1,9	17,0 bis 16,5	3,6	5,0	5,3
28,0	**2,0**	16,0	3,7	4,5 bis 4,0	5,4
27,5 bis 27,0	2,1	15,5	3,8	3,5	5,5
26,5	2,2	15,0 bis 14,5	3,9	3,0 bis 2,5	5,6
26,0	2,3	14,0	**4,0**	2,0	5,7
25,5 bis 25,0	2,4	13,5 bis 13,0	4,1	1,5	5,8
24,5	2,5	12,5	4,2	1,0 bis 0,5	5,9
24,0 bis 23,5	2,6	12,0	4,3	0,0	**6,0**

Kann ich mich mündlich prüfen lassen?

Nach Bekanntgabe der schriftlichen Note kann eine zusätzliche **mündliche Prüfung** abgelegt werden. Diese Prüfung ist **freiwillig** und sollte nur erfolgen, wenn eine Chance auf Verbesserung der schriftlichen Ergebnisse besteht. Der Mathematiklehrer steht hier beratend zur Seite. Schriftliche und mündliche Prüfung zählen dann beide zu gleichen Teilen.
Die mündliche Prüfung kann als Einzel- oder Gruppenprüfung erfolgen und dauert in etwa 10 Minuten. Die Aufgaben werden vom Mathematiklehrer vorrangig zu einem Thema der 10. Klasse gestellt.

Wie werden Prüfungs- und Endnote berechnet?

Art der Prüfung	**Prüfungsteile**	**Gewichtung**	
		entweder	**oder**
Zentrale schriftliche Prüfung	Grundkenntnisse	50 %	25 %
	Wahlaufgaben		25 % Zusätzlich gewählte mündliche Prüfung

Berechnung der Endnote	
Jahresleistung	Prüfungsleistung
50 %	50 %

Abschlussprüfung der 10. Klasse an Werkrealschulen in Baden-Württemberg
Mathematik 2009

Grundkenntnisse

Punkte

1. Geben Sie 7 verschiedene Werte so an, dass der Mittelwert 9 ist;
keiner der Werte soll 9 sein. 1

2. Der Punkt $(-4|8)$ liegt auf der Parabel $y = ax^2 - 2$.
Die Gerade $y = -2$ schneidet oder berührt die Parabel in …

☐ keinem Punkt.

☐ einem Punkt.

☐ zwei Punkten.

Begründen Sie. 1

3. Zeichnen Sie das Schrägbild einer quadratischen Säule mithilfe dieses unvollständigen Netzes ($a = 3$ cm).

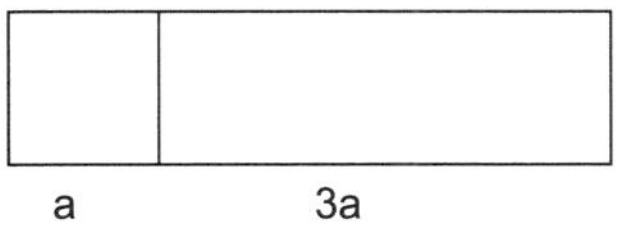

1

4. Ein Fußball hat einen Umfang von 68 cm. Der Durchmesser des Fußballs ist 6-mal so groß wie der eines Tischtennisballs.
Kann es sein, dass dann ein Tischtennisball ein Volumen von über 20 cm^3 hat?
Begründen Sie. 1

5. Ein Glücksrad ist in 8 gleich große farbige Felder eingeteilt. Es gibt ein rotes, drei weiße und vier blaue Felder.
Mit welcher Wahrscheinlichkeit wird zweimal hintereinander ein weißes Feld gedreht? 1

6.

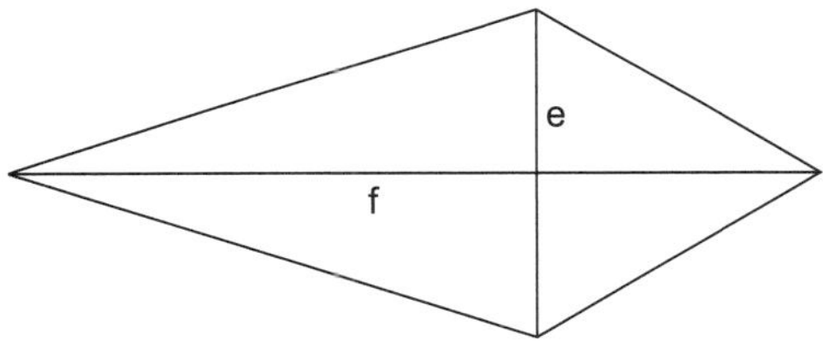

$A = 253{,}5\ cm^2$
$e = f - 26$ cm

Berechnen Sie die Länge der Diagonalen f. 1

7. Eine Maschine hat einen Anschaffungspreis von 7 800 €. Der Wertverlust beträgt jährlich 18 %, gemessen am jeweiligen Restwert.
Ab welchem Jahr liegt der Restwert der Maschine unter dem halben Anschaffungspreis? 1

8. Klima-Jahres-Diagramm von Sydney (Australien):
Entscheiden Sie aufgrund der beiden Diagramme, in welchem Monat Sie gerne in Sydney Ihren Urlaub verbringen möchten.
Begründen Sie Ihre Entscheidung mit mindestens einer Aussage je Diagramm.

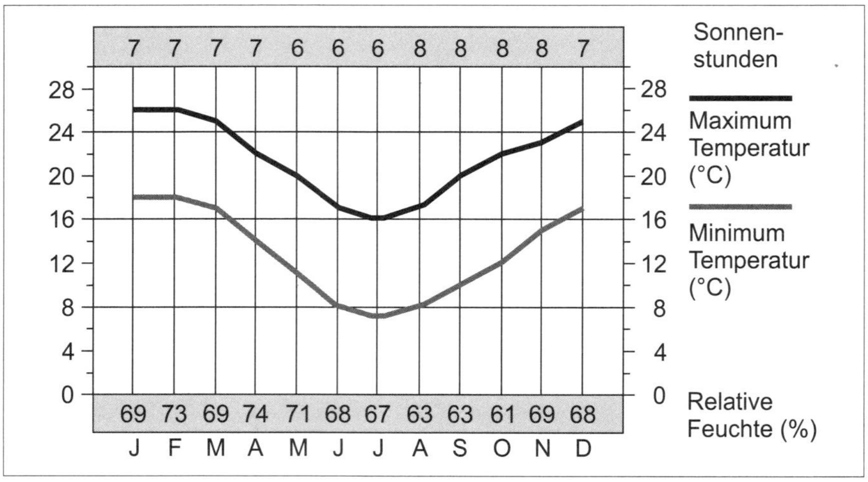

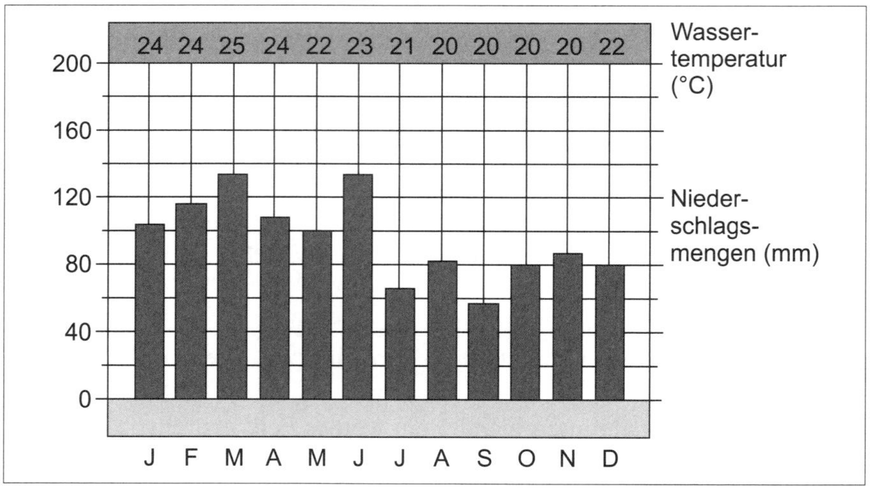

Nach Angaben aus Wetter Online

1

Wahlaufgaben

Punkte

Aufgabe 1

a) Die direkte Entfernung zwischen Heilbronn und Pforzheim beträgt ca. 46 km.

Berechnen Sie mit einer Winkelfunktion die Entfernung zwischen Heilbronn und Schwäbisch Gmünd. Entnehmen Sie dem Bild die notwendigen Winkel.

Ein Hubschrauberpilot behauptet:
„Bei einer Durchschnittsgeschwindigkeit von 240 km/h kann ich bei einem Rundflug alle drei Orte in weniger als 50 Minuten überfliegen.“

Überprüfen Sie diese Behauptung.

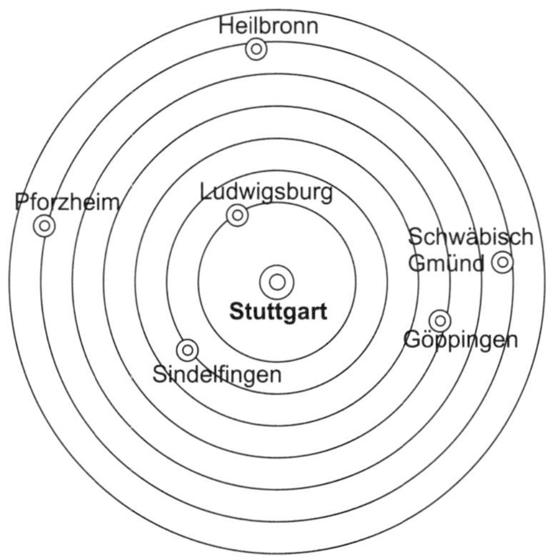

3

b) Zeichnen Sie in ein Koordinatensystem (Einheit: 1 cm) die Gerade mit der Gleichung $y = 2x - 3$ ein.

Zeichnen Sie eine zweite Gerade so ein, dass die y-Achse zusammen mit diesen beiden Geraden ein Dreieck bildet, das den Flächeninhalt 3,75 cm² aufweist.

Geben Sie die Funktionsgleichung dieser zweiten Geraden an. 3

c) In einen Kreis mit dem Radius 8 cm wird ein regelmäßiges Vieleck einbeschrieben. TK
Ab welcher Anzahl der Ecken des Vielecks unterscheiden sich die Fläche des Kreises und die Fläche des Vielecks um weniger als 5 %?

Beispiele:

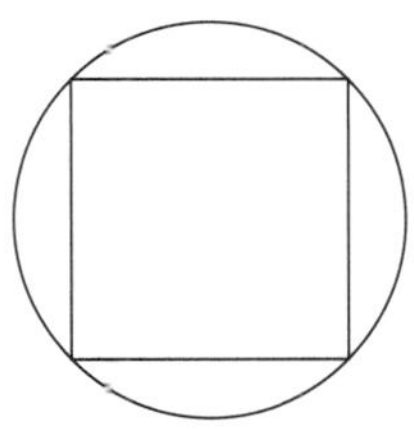

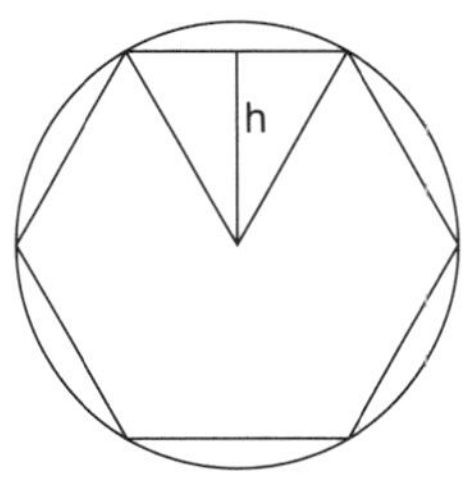

Lösen Sie die Aufgabe durch Ergänzen der folgenden Tabelle.

Ecken	Höhe	halbe Grundseite	Fläche Vieleck	Fläche Kreis	Vergleich in Prozent
4	5,7	5,7			
5	6,5	4,7			
6	6,9	4,0			
7	7,2	3,5			
8	7,4	3,1			
9	7,5	2,7			
10	7,6	2,5			
11	7,7	2,3			
12	7,7	2,1			

Behauptung:
Die Fläche des 40-Ecks unterscheidet sich bei gleichem Radius nicht von der Kreisfläche.
Überprüfen Sie die Behauptung mit dem Taschenrechner. 3

Aufgabe 2

a) Der Steigungswinkel einer Geraden g zur x-Achse beträgt 45°. Die Gerade verläuft durch den Punkt P(–1 | 2,5).
Geben Sie die Gleichung der Geraden g an.

Welche Punkte sind Schnittpunkte der Geraden mit den Achsen oder liegen auf der Geraden?
Begründen Sie durch Berechnung.

- ☐ R(2,5 | –1)
- ☐ S(25 | 29,5)
- ☐ T(4 | 7,5)
- ☐ U(–3,5 | 0)

Zeichnen Sie die Gerade h, die durch den Punkt Q(1,5 | 0) verläuft und senkrecht zu g steht.
Geben Sie die dazugehörige Geradengleichung an. 3

b) Bestimmen Sie die Gleichungen der beiden Normalparabeln mithilfe der Zeichnung und bestimmen Sie die Koordinaten der Schnittpunkte von den Parabeln mit der y-Achse.

Die Gerade g geht durch die zwei Scheitelpunkte der Parabeln. Bestimmen Sie die Gleichung dieser Geraden.

Diese Gerade bildet mit der x-Achse und der y-Achse ein Dreieck.
Berechnen Sie die Winkel dieses Dreiecks.

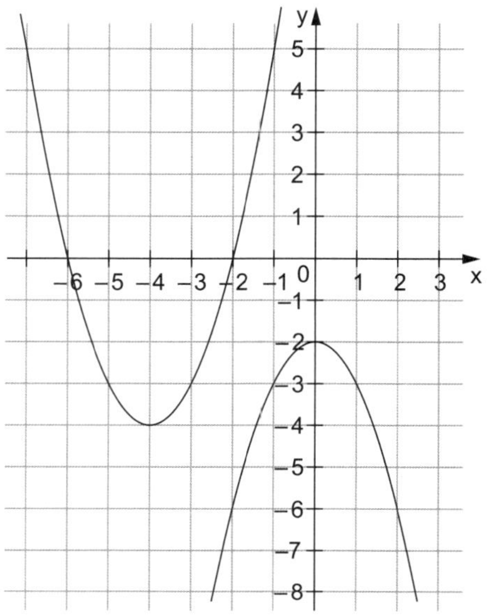

3

c) Freddy feiert den 14. Geburtstag. Er bekam bisher jeden Monat 25 € Taschengeld. Seine Eltern machen ihm folgende Vorschläge: „Du bekommst, bis du 18 Jahre alt bist, ab sofort jeden Monat einen Euro mehr oder jeden Monat eine Erhöhung um 3 % gemessen am Vormonat“. TK

Entwickeln Sie dazu eine Kalkulationstabelle und erstellen Sie damit ein Diagramm.

Für welchen Vorschlag soll er sich entscheiden? Begründen Sie Ihre Entscheidung. 3

Aufgabe 3

Der Stuttgarter Fernsehturm gilt als Wahrzeichen der Landeshauptstadt. Nach einer Bauzeit von nur 20 Monaten konnte er am 5. Februar 1956 als erster Fernsehturm der Welt in Betrieb genommen werden.

a) Der „Korb“ des Stuttgarter Fernsehturms hat an seiner breitesten Stelle einen Durchmesser von 15 m.
Bestimmen Sie das Volumen des abgebildeten Korbs (siehe nächste Seite) möglichst genau.

Skizzieren Sie das Schrägbild des Korbs in Ihrem gewählten Maßstab. 3

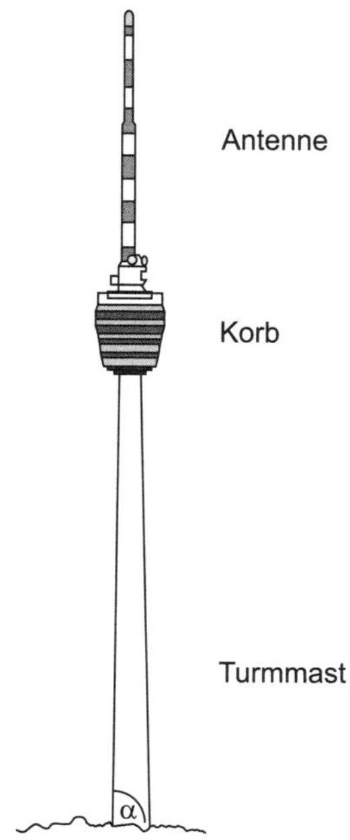

Skizze nicht maßstabsgetreu

b) Auf dem Korb befinden sich in unterschiedlicher Höhe zwei Besucherplattformen. Die untere Plattform auf dem Korb hat einen Durchmesser von 15 m. In seiner Mitte befindet sich der Turmmast mit einem Durchmesser von 7,30 m.
In der Mitte der oberen Plattform hat der Turmmast einen Durchmesser von 5 m.

Berechnen Sie den Durchmesser der oberen Besucherplattform so, dass die obere und die untere Besucherplattform die gleiche Fläche haben.

Betrachtet man die Mantelfläche des Korbs, so scheinen die Glas- und die Metallflächen gleich groß zu sein.
Stimmt diese Vermutung? Begründen Sie Ihr Ergebnis. 3

c)

Baukosten	ca. 2,14 Millionen € (4,2 Millionen DM)
Durchschnittlicher Eintrittspreis/Person	4 €

Aufgrund der hohen Kosten war der Bau des Turms anfangs sehr ungewiss. Die Einnahmen durch die Eintrittsgelder erreichten dann allerdings schon nach 5 Jahren die Höhe der Baukosten.
Wie viele Personen haben in diesem Zeitraum im Durchschnitt täglich den Fernsehturm besucht?

Der Durchmesser des Turmmastes beträgt am Boden 10 m. Seine Gesamthöhe wird mit 135 m angegeben, der Neigungswinkel α beträgt 88,94°.
Berechnen Sie den Mastdurchmesser unterhalb des Korbs. 3

Fernsehturm Stuttgart

Aufgabe 4

Eine Tippgemeinschaft verteilt ihren Lottogewinn entsprechend der Einsätze wie folgt:

Spieler A	270 000 €
Spieler B	12,5 %
Spieler C	$\frac{1}{6}$
Spieler D	$\frac{1}{5}$
Spieler E	erhält halb so viel wie Mitspieler C und D zusammen
Spieler F	erhält halb so viel wie Mitspieler D

a) Kreuzen Sie die richtigen Überlegungen an und begründen Sie Ihre Wahl:

☐ Die Hälfte von $\frac{1}{6}+\frac{1}{5}$ entspricht rund 36,7 %.

☐ Spieler B und E erhalten gleich viel vom Gewinn ausbezahlt.

☐ Spieler F erhält im Vergleich zu den Spielern B, C, D und E den kleinsten Anteil.

Berechnen sie den prozentualen Anteil von Spieler A. 3

b) Frau Ebert gewinnt in einer Lotterie 84 000 € und hat unter anderem folgende Pläne: TK

Wie viel Geld hat Frau Ebert noch übrig, nachdem sie die Pläne umgesetzt hat?

Der Wertverlust des Autos beträgt in den ersten 4 Jahren jährlich 18 % und danach 12 % pro Jahr, gemessen am jeweiligen Restwert. Das Festgeld hat währenddessen eine durchschnittliche jährliche Rendite von 5,2 %.
In welchem Jahr übersteigt der Wert des Festgeldes den Restwert des Autos?
Veranschaulichen Sie Ihre Ergebnisse in einem geeigneten Diagramm. 3

c) Wie groß ist die Wahrscheinlichkeit genau zweimal hintereinander eine Sechs zu würfeln, wenn man 3-mal würfelt?

Geben Sie die Ereignismenge an und ermitteln Sie die Lösung.

Wie groß ist die Wahrscheinlichkeit genau dreimal hintereinander eine Sechs zu würfeln, wenn man 4-mal würfelt? 3

Lösungen

Grundkenntnisse

Hinweise und Tipps

1. Beispielsweise:
1; 2; 3; 4; 5; 6; 42 oder
2; 3; 4; 5; 6; 7; 36 oder …

Die Summe der Werte muss $7 \cdot 9 = 63$ betragen.

---

2. Der Scheitelpunkt der Parabel liegt bei $(0\,|\,{-2})$.
Die Gerade $y = -2$ verläuft im Abstand -2 parallel zur x-Achse, sie berührt daher die Parabel nur in **einem Punkt** und zwar in $(0\,|\,{-2})$.

Der Scheitel kann direkt aus der Funktionsgleichung abgelesen werden.
Der Wert für a spielt für diese Aufgabe keine Rolle.

3.

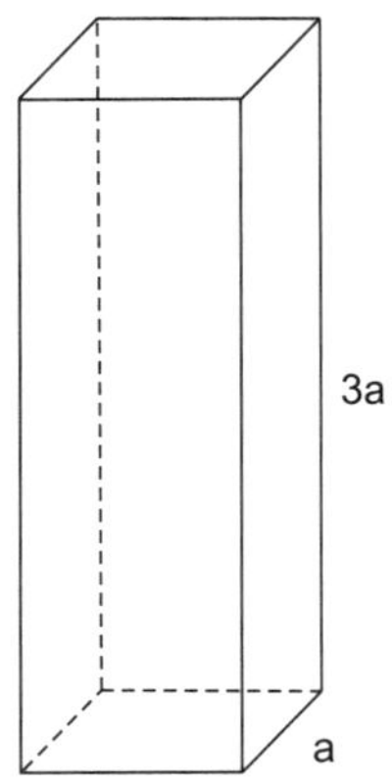

Maßstab 1 : 2

Schräg nach hinten laufende Kanten werden unter einem Winkel von 45° und um die Hälfte verkürzt gezeichnet.
Verdeckte Kanten werden gestrichelt gezeichnet.

---

4. Für den Durchmesser des Fußballs gilt:

$$d = \frac{68}{\pi}\,\text{cm} \approx 21{,}65\,\text{cm}$$

Der Tischtennisball hat dann einen Durchmesser von $21{,}65\,\text{cm} : 6 \approx 3{,}61\,\text{cm}$.
Sein Volumen beträgt somit

$$V = \frac{4}{3} \cdot \pi \cdot \left(\frac{3{,}61}{2}\right)^3 \text{cm}^3 \approx \mathbf{24{,}63\,cm^3}.$$

Die Aussage **stimmt**.

Durchmesser Kugel:
$u = \pi \cdot d \;\Rightarrow\; d = \frac{u}{\pi}$

Volumen Kugel:
$V = \frac{4}{3} \cdot \pi \cdot r^3$

---

5. Die Wahrscheinlichkeit, dass zweimal hintereinander ein weißes Feld gedreht wird, beläuft sich auf

$$\frac{3}{8} \cdot \frac{3}{8} = \frac{9}{64} \approx \mathbf{14{,}1\,\%}.$$

Die Wahrscheinlichkeit, dass **ein** weißes Feld gedreht wird beträgt $\frac{3}{8}$.

1. Pfadregel

6.

$$253{,}5 = \frac{(f-26)\cdot f}{2}$$

$$507 = f^2 - 26f$$

$$f^2 - 26f - 507 = 0$$

$$f_{1/2} = 13 \pm \sqrt{169+507}$$

$$f_{1/2} = 13 \pm 26$$

$$f_1 = \mathbf{39}$$

$(f_2 = -13)$ keine sinnvolle Lösung

f ist **39 cm** lang.

Hinweise und Tipps

Die Fläche des Drachens wird berechnet mit $A = \frac{e \cdot f}{2}$.

Die Lösung der quadratischen Gleichung wird mithilfe der Lösungsformel berechnet.

7.

Jahr	0	1	2	3	4
Wert (in €)	7 800	6 396	5 245	4 301	3 527

$\cdot 0{,}82$ $\cdot 0{,}82$ $\cdot 0{,}82$ $\cdot 0{,}82$

Nach 4 Jahren beträgt der Wert der Maschine noch **3 527 €** und liegt somit unter dem halben Anschaffungspreis.

Der Wert der Maschine beträgt jeweils 100 % – 18 % = 82 % = 0,82, gemessen am jeweiligen Restwert.

Der halbe Anschaffungspreis liegt bei 3 900 €.

---

8. Der **Dezember** in Sydney ist ziemlich warm (maximal ca. 25 °C, minimal ca. 17 °C) und die Niederschlagmenge von 80 mm ist gering. Außerdem scheint die Sonne durchschnittlich 7 Stunden pro Tag.

Auch andere Lösungen sind hier möglich.

Wahlaufgaben

Aufgabe 1

a) Es gilt:

$$\sin 44° = \frac{\overline{CD}}{46 \text{ km}} \quad \Rightarrow \quad \overline{CD} = 46 \text{ km} \cdot \sin 44° \approx 32{,}0 \text{ km}$$

Weiterhin gilt:

$$\sin 36° = \frac{\overline{CD}}{\overline{BC}} = \frac{32 \text{ km}}{\overline{BC}} \quad \Rightarrow \quad \overline{BC} = \frac{32 \text{ km}}{\sin 36°} \approx 54{,}4 \text{ km}$$

Die Entfernung Heilbronn – Schwäbisch Gmünd beträgt etwa **54,4 km**.

Nach dem Satz des Pythagoras ist

$$\overline{AD} = \sqrt{\overline{AC}^2 - \overline{CD}^2} = \sqrt{46^2 - 32^2} \text{ km} \approx 33 \text{ km}$$

und

$$\overline{BD} = \sqrt{\overline{BC}^2 - \overline{CD}^2} = \sqrt{54{,}4^2 - 32^2} \text{ km} \approx 44 \text{ km}.$$

Länge des Rundflugs $= 46 \text{ km} + 33 \text{ km} + 44 \text{ km} + 54{,}4 \text{ km} = 177{,}4 \text{ km}$

In 50 Minuten legt der Hubschrauber $\frac{5}{6} \text{ h} \cdot 240 \frac{\text{km}}{\text{h}} = 200 \text{ km}$ zurück.
Dass heißt, die **Behauptung** ist **richtig**.

b)

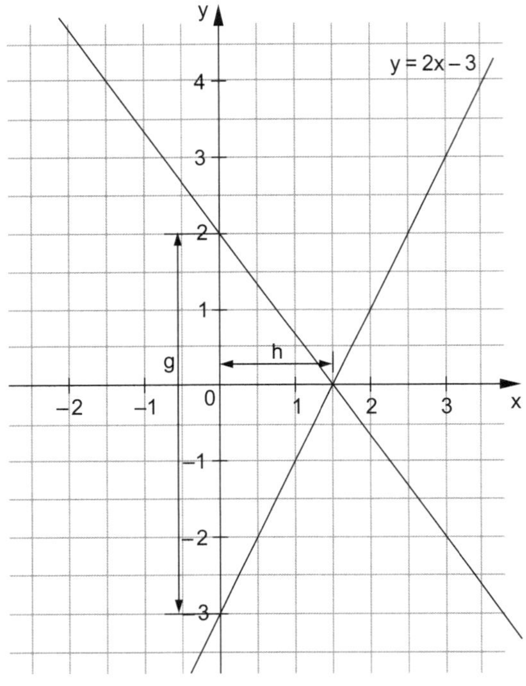

$$\mathbf{y = -\frac{4}{3}x + 2}$$

Hinweise und Tipps

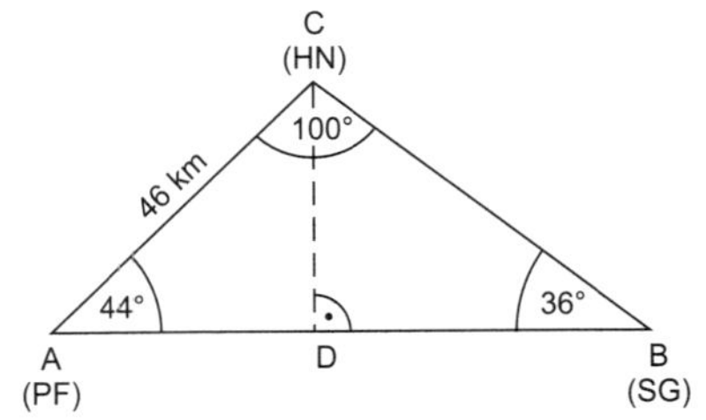

$$\sin\alpha = \frac{\text{Gegenkathete}}{\text{Hypotenuse}}$$

Für den Rundflug muss noch die Entfernung Pforzheim – Schwäbisch Gmünd (in der Skizze die Länge der Strecke $\overline{AB}$) berechnet werden.

$s = t \cdot v$
$50 \text{ min} = \frac{5}{6} \text{ h}$

Die allgemeine Funktion einer Geraden lautet $y = mx + b$, wobei m die Steigung und b den y-Achsenabschnitt angibt.

Die Gerade $y = 2x - 3$ schneidet die y-Achse im Punkt $(0|-3)$ und hat eine Steigung von $+2$.

Damit das Dreieck einen Flächeninhalt von $3{,}75 \text{ cm}^2$ hat, kann seine Höhe beispielsweise $h = 1{,}5$ cm betragen und die Grundseite $g = 5$ cm.

Die gesuchte Gerade schneidet die y-Achse in $(0|2)$ und hat eine Steigung von $-\frac{4}{3}$.

c)

	A	B	C	D	E	F
1	Ecken	Höhe	halbe Grundseite	Fläche Vieleck	Fläche Kreis	Vergleich in Prozent
2	4	5,7	5,7	130,0	201,1	35,4
3	5	6,5	4,7	152,8	201,1	24,0
4	6	6,9	4,0	165,6	201,1	17,6
5	7	7,2	3,5	176,4	201,1	12,3
6	8	7,4	3,1	183,5	201,1	8,7
7	9	7,5	2,7	182,3	201,1	9,4
8	10	7,6	2,5	190,0	201,1	5,5
9	11	7,7	2,3	194,8	201,1	3,1
10	12	7,7	2,1	194,0	201,1	3,5
11						

Formelansicht:

	A	B	C	D	E	F
1	Ecken	Höhe	halbe Grundseite	Fläche Vieleck	Fläche Kreis	Vergleich in Prozent
2	4	5,7	5,7	=A2*B2*C2	=PI()*64	=100-D2/E2*100
3	5	6,5	4,7	=A3*B3*C3	=PI()*64	=100-D3/E3*100
4	6	6,9	4	=A4*B4*C4	=PI()*64	=100-D4/E4*100
5	7	7,2	3,5	=A5*B5*C5	=PI()*64	=100-D5/E5*100
6	8	7,4	3,1	=A6*B6*C6	=PI()*64	=100-D6/E6*100
7	9	7,5	2,7	=A7*B7*C7	=PI()*64	=100-D7/E7*100
8	10	7,6	2,5	=A8*B8*C8	=PI()*64	=100-D8/E8*100
9	11	7,7	2,3	=A9*B9*C9	=PI()*64	=100-D9/E9*100
10	12	7,7	2,1	=A10*B10*C10	=PI()*64	=100-D10/E10*100
11						

Ab einem einbeschriebenen **Elfeck** unterscheidet sich die Fläche des Vielecks um weniger als 5 % von der Fläche des Umkreises.

Fläche eines regelmäßigen 40-Ecks:

Der Mittelpunktswinkel beträgt $360°:40 = 9°$.

Es gilt:

$$\sin 4{,}5° = \frac{\frac{g}{2}}{8\text{ cm}} \quad \Rightarrow \quad \frac{g}{2} = 8\text{ cm} \cdot \sin 4{,}5° \approx 0{,}6277\text{ cm}$$

Weiterhin gilt:

$$\cos 4{,}5° = \frac{h}{8\text{ cm}} \quad \Rightarrow \quad h = 8\text{ cm} \cdot \cos 4{,}5° \approx 7{,}9753\text{ cm}$$

Fläche des Vierzigecks $= 40 \cdot 0{,}6277 \cdot 7{,}9753\text{ cm}^2 \approx 200{,}24\text{ cm}^2$

Fläche des Kreises $= \pi \cdot r^2 = \pi \cdot 64\text{ cm}^2 \approx 201{,}06\text{ cm}^2$

Der **Unterschied** beträgt 0,82 cm², das sind **0,4 % der Kreisfläche**.
Die **Aussage** ist also **falsch**.

Hinweise und Tipps

Ein regelmäßiges n-Eck setzt sich aus n gleich großen Dreiecken zusammen.

Für den Flächeninhalt eines regelmäßigen n-Ecks gilt:

$$A_{n\text{-Eck}} = n \cdot \frac{1}{2} \cdot g \cdot h$$

Für die Fläche des Kreises gilt:

$$A_{Kreis} = \pi \cdot r^2 = \pi \cdot (8\text{ cm})^2 = \pi \cdot 64\text{ cm}^2$$

Bestimmungsdreieck des 40-Ecks:

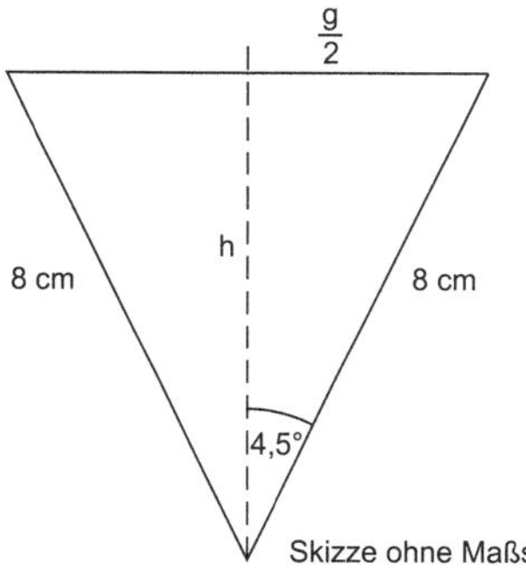

Je nachdem wie die Werte während der Rechnung gerundet werden, ergeben sich unterschiedliche Ergebnisse.
Die Behauptung kann auch als richtig angesehen werden.

Hinweise und Tipps

Aufgabe 2

a)

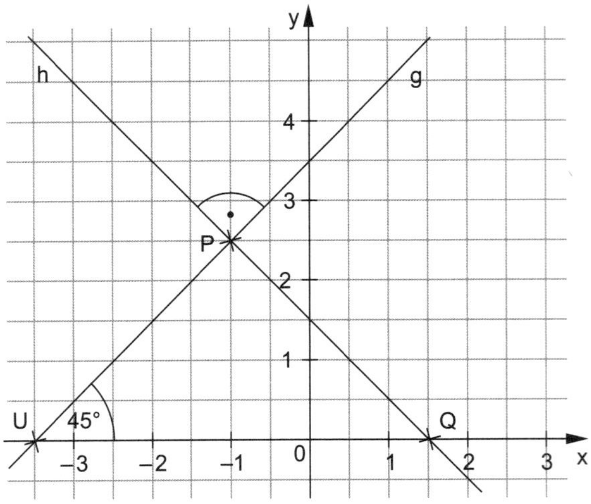

Zeichnerische Lösung:
Die Gerade g schneidet die x-Achse in einem Winkel von 45°, d. h., sie hat die Steigung m = +1.
Die Gerade g schneidet die y-Achse in (0 | 3,5), d. h., sie hat den y-Achsenabschnitt b = +3,5.

Geradengleichung von g: $\mathbf{y = x + 3{,}5}$

R liegt **nicht** auf der Geraden:	$-1 \neq 2{,}5 + 3{,}5$
S liegt **nicht** auf der Geraden:	$29{,}5 \neq 25 + 3{,}5$
T liegt **auf** der Geraden:	$7{,}5 = 4 + 3{,}5$
U liegt **auf** der Geraden und auf der x-Achse:	$0 = -3{,}5 + 3{,}5$

Die x- und y-Werte der Punkte werden zur Überprüfung der Aussagen jeweils in die Geradengleichung eingesetzt.

Geradengleichung von h: $\mathbf{y = -x + 1{,}5}$

Die Gerade h schneidet die y-Achse in (0 | 1,5) und hat eine Steigung von – 1.

b) Gleichung der nach oben geöffneten Parabel mit $S_1(-4 \mid -4)$:
$\mathbf{y = (x+4)^2 - 4}$
Für den Schnittpunkt mit der y-Achse gilt:
$y = (0+4)^2 - 4 = 4^2 - 4 = 12 \;\Rightarrow\; \mathbf{(0 \mid 12)}$
Gleichung der nach unten geöffneten Parabel mit $S_2(0 \mid -2)$:
$y = -(x-0)^2 - 2$
$\mathbf{y = -x^2 - 2}$
Für den Schnittpunkt mit der y-Achse gilt:
$y = -0^2 - 2 = -2 \;\Rightarrow\; \mathbf{(0 \mid -2)}$

Scheitelpunktform einer nach oben geöffneten Parabel: $y = (x-d)^2 + e$.
Scheitelpunktform einer nach unten geöffneten Parabel: $y = -(x-d)^2 + e$.
Die Koordinaten des Scheitelpunktes lauten $S(d \mid e)$.
Um den Schnittpunkt mit der y-Achse auszurechnen, muss der x-Wert jeweils gleich 0 gesetzt werden.

Geradengleichung von g:
$$\mathbf{y = \frac{1}{2}x - 2}$$

Die Gerade g verläuft durch $S_1(-4 \mid -4)$ und $S_2(0 \mid -2)$, ihre Steigung ist $m = \frac{1}{2}$.

Winkel des Dreiecks aus x- und y-Achse sowie der Geraden g:
Die beiden Achsen des Koordinatensystems bilden einen rechten Winkel, d. h. $\boldsymbol{\gamma = 90°}$.
Die Gerade g schneidet die y-Achse im Punkt $(0 \mid -2)$.
Der Schnittpunkt mit der x-Achse lässt sich bestimmen mit
$$0 = \frac{1}{2}x - 2 \;\Rightarrow\; x = 4.$$
Er hat also die Koordinaten $(4 \mid 0)$.
Also gilt:
$$\tan\alpha = \frac{4}{2} = 2 \;\Rightarrow\; \boldsymbol{\alpha \approx 63{,}4°}$$
Damit ist $\boldsymbol{\beta} = 180° - 90° - 63{,}4° = \mathbf{26{,}6°}$.

Um die Längen der Katheten zu berechnen, müssen die Schnittpunkte der Geraden mit den Achsen bestimmt werden.

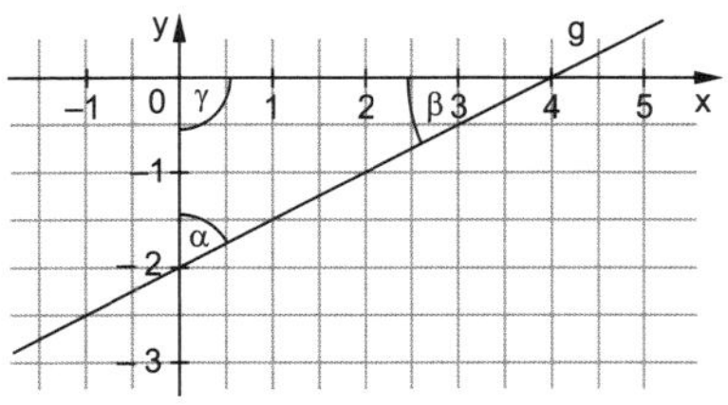

$$\tan\alpha = \frac{\text{Gegenkathete}}{\text{Ankathete}}$$

c)

	A	B	C
1	**Monat**	**1 € mehr**	**3 % mehr**
2	0	25,00 €	25,00 €
3	1	26,00 €	25,75 €
4	2	27,00 €	26,52 €
5	3	28,00 €	27,32 €
6	4	29,00 €	28,14 €
7	5	30,00 €	28,98 €
8	6	31,00 €	29,85 €
9	7	32,00 €	30,75 €
10	8	33,00 €	31,67 €
11	9	34,00 €	32,62 €
12	10	35,00 €	33,60 €
13	11	36,00 €	34,61 €
14	12	37,00 €	35,64 €
15	13	38,00 €	36,71 €
16	14	39,00 €	37,81 €
17	15	40,00 €	38,95 €
18	16	41,00 €	40,12 €
19	17	42,00 €	41,32 €
20	18	43,00 €	42,56 €
21	19	44,00 €	43,84 €
22	20	45,00 €	45,15 €
23	21	46,00 €	46,51 €
24	22	47,00 €	47,90 €
25	23	48,00 €	49,34 €
26	24	49,00 €	50,82 €
27	25	50,00 €	52,34 €
28	26	51,00 €	53,91 €
29	27	52,00 €	55,53 €
30	28	53,00 €	57,20 €
31	29	54,00 €	58,91 €
32	30	55,00 €	60,68 €
33	31	56,00 €	62,50 €
34	32	57,00 €	64,38 €
35	33	58,00 €	66,31 €
36	34	59,00 €	68,30 €
37	35	60,00 €	70,35 €
38	36	61,00 €	72,46 €
39	37	62,00 €	74,63 €
40	38	63,00 €	76,87 €
41	39	64,00 €	79,18 €
42	40	65,00 €	81,55 €
43	41	66,00 €	84,00 €
44	42	67,00 €	86,52 €
45	43	68,00 €	89,11 €
46	44	69,00 €	91,79 €
47	45	70,00 €	94,54 €
48	46	71,00 €	97,38 €
49	47	72,00 €	100,30 €
50	48	73,00 €	103,31 €
51	**Summe**	2.401,00 €	2.713,52 €

Hinweise und Tipps

Bis zu seinem 18. Geburtstag sind es 4 Jahre = 48 Monate.

Formelansicht:

	A	B	C
1	**Monat**	**1 € mehr**	**3 % mehr**
2	0	25	25
3	1	26	=C2*1,03
4	2	27	=C3*1,03
5	3	28	=C4*1,03
6	4	29	=C5*1,03
7	5	30	=C6*1,03
8	6	31	=C7*1,03
9	7	32	=C8*1,03
10	8	33	=C9*1,03
11	9	34	=C10*1,03
12	10	35	=C11*1,03
13	11	36	=C12*1,03
14	12	37	=C13*1,03
15	13	38	=C14*1,03
16	14	39	=C15*1,03
17	15	40	=C16*1,03
18	16	41	=C17*1,03
19	17	42	=C18*1,03
20	18	43	=C19*1,03
21	19	44	=C20*1,03
22	20	45	=C21*1,03
23	21	46	=C22*1,03
24	22	47	=C23*1,03
25	23	48	=C24*1,03
26	24	49	=C25*1,03
27	25	50	=C26*1,03
28	26	51	=C27*1,03
29	27	52	=C28*1,03
30	28	53	=C29*1,03
31	29	54	=C30*1,03
32	30	55	=C31*1,03
33	31	56	=C32*1,03
34	32	57	=C33*1,03
35	33	58	=C34*1,03
36	34	59	=C35*1,03
37	35	60	=C36*1,03
38	36	61	=C37*1,03
39	37	62	=C38*1,03
40	38	63	=C39*1,03
41	39	64	=C40*1,03
42	40	65	=C41*1,03
43	41	66	=C42*1,03
44	42	67	=C43*1,03
45	43	68	=C44*1,03
46	44	69	=C45*1,03
47	45	70	=C46*1,03
48	46	71	=C47*1,03
49	47	72	=C48*1,03
50	48	73	=C49*1,03
51	**Summe**	=SUMME(B2:B50)	=SUMME(C2:C50)

Hinweise und Tipps

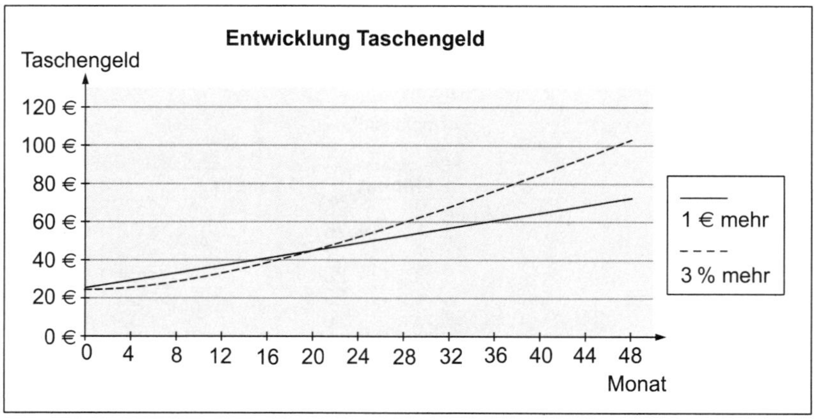

Freddy soll sich für die **3 %-ige Steigerung** entscheiden, da er dadurch nach 4 Jahren in der Summe mehr Geld erhalten wird.

Aufgabe 3

a) Das Bild zeigt den Turm im Maßstab 1 : 300. Daher gelten für den Kegelstumpf „Korb" des Stuttgarter Fernsehturms folgende Maße:
$d_1 = 12$ m (Fotografie: 4 cm)
$d_2 = 15$ m (Fotografie: 5 cm)
$h = 16{,}5$ m (Fotografie: 5,5 cm)

Somit gilt:

$$V = \frac{1}{3} \cdot 16{,}5 \cdot \pi \cdot (6^2 + 6 \cdot 7{,}5 + 7{,}5^2)\ \text{m}^3 \approx \mathbf{2\,372\ m^3}$$

Schrägbild (Maßstab 1 : 200):

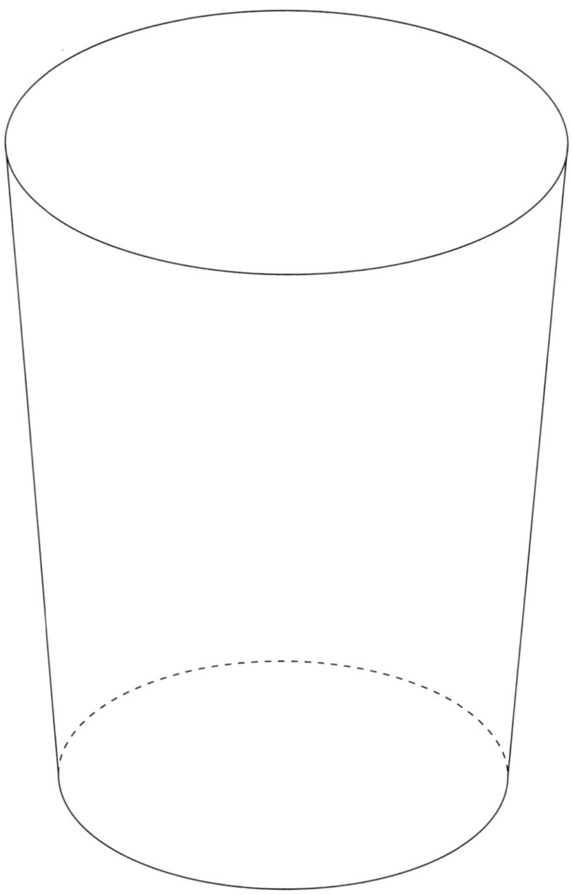

Reale 15 m werden auf der Fotografie mit etwa 5 cm dargestellt.

Auch die Annahme, der Korb hätte die Form eines Zylinders, ist richtig.

Volumen Kegelstumpf:

$$V = \frac{1}{3} \cdot h \cdot \pi \cdot (r_1^2 + r_1 r_2 + r_2^2)$$

Maßstab 1 : 200:
$d_1 = 12$ m → 6 cm in der Zeichnung
$d_2 = 15$ m → 7,5 cm in der Zeichnung
$h = 16{,}5$ m → 8,25 cm in der Zeichnung

Hinweise und Tipps

b) Untere Plattform:
- Gesamtfläche $= \pi \cdot 7{,}5^2\ \text{m}^2 \approx 177\ \text{m}^2$
- Fläche des Mastes $= \pi \cdot 3{,}65^2\ \text{m}^2 \approx 42\ \text{m}^2$
- Nutzbare Fläche $= 177\ \text{m}^2 - 42\ \text{m}^2 = 135\ \text{m}^2$

Fläche Kreis:
$A = \pi \cdot r^2$

Obere Plattform:
- Gesamtfläche:
  $A = 135\ \text{m}^2 + \pi \cdot 2{,}5^2\ \text{m}^2 \approx 155\ \text{m}^2$
- Für den Radius gilt:
  $$r = \sqrt{\frac{155}{\pi}}\ \text{m} \approx 7\ \text{m}$$
- Der Durchmesser ist also **d = 14 m**.

Gesamtfläche = Nutzbare Fläche + Fläche des Turmmastes

$$r = \sqrt{\frac{A}{\pi}}$$

Vergleich der Fenster- und Metallflächen:
Es sind fünf Metall- und vier Fensterreihen. Durch Messen der jeweiligen Höhen erhält man:
Die Flächen sind **nicht gleich groß**.

Gesamthöhe der Metallflächen auf dem Foto: 3,2 cm
Gesamthöhe der Fensterflächen auf dem Foto: 2,5 cm

c) Anzahl der **täglichen Besucher** $= 2\,140\,000 : 5 : 365 : 4 \approx$ **293**

2 140 000 € Baukosten
5 Jahre à 365 Tage
4 € Eintritt pro Besucher

Mastdurchmesser unterhalb des Korbes:
$d_1 = 10\ \text{m}$
$h = 135\ \text{m}$
$\alpha = 88{,}94°$

Es gilt:
$$\tan\alpha = \frac{h}{x} \quad \Rightarrow \quad x = \frac{h}{\tan\alpha} = \frac{135\ \text{m}}{\tan 88{,}94°} \approx 2{,}5\ \text{m}$$

Damit ist der Durchmesser des Mastes unterhalb des Korbes
d $= 10\ \text{m} - 2 \cdot 2{,}5\ \text{m} =$ **5 m**.

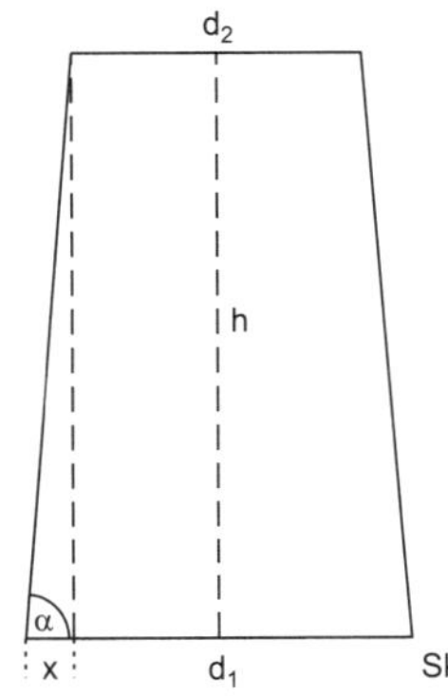

Skizze ohne Maßstab

Abweichend von Teilaufgabe b wird bei dieser Rechnung davon ausgegangen, dass der Turmmast nur bis unterhalb des Korbes geht.

Aufgabe 4

a) Überlegung 1:
$\left(\frac{1}{6} + \frac{1}{5}\right) : 2 = \frac{11}{30} : 2 = \frac{11}{60} \approx 18{,}3\ \%$ Die Überlegung ist **falsch**.

Überlegung 2:
$12{,}5\ \% \neq 18{,}3\ \%$ Die Überlegung ist **falsch**.

Spieler B: 12,5 %; Spieler E: $\left(\frac{1}{6} + \frac{1}{5}\right) : 2$

Überlegung 3:
$\frac{1}{10} < 12{,}5\ \%$ bzw. $\frac{1}{6}$ bzw. $\frac{1}{5}$ bzw. $\frac{11}{60}$ Die Überlegung **stimmt**.

Spieler F: $\frac{1}{5} : 2 = \frac{1}{10} = 10\ \%$

Anteile der Spieler B, C, D, E und F am Gesamtgewinn:
B: $\frac{1}{8}$ C: $\frac{1}{6}$; D: $\frac{1}{5}$; E: $\frac{11}{60}$; F: $\frac{1}{10}$

Zusammen sind dies $\frac{31}{40}$ des Gewinns.
Also beträgt der Anteil von Spieler A **22,5 %** der Gewinnsumme.

$\frac{40}{40} - \frac{31}{40} = \frac{9}{40} = 22{,}5\ \%$

b)

	A	B	C
1	**Restgeld**		
2			
3	Gewinn		84.000,00 €
4	Auto		-29.400,00 €
5	Festgeld		-10.500,00 €
6	Möbel		-28.000,00 €
7			
8	1. Rest		16.100,00 €
9	Spende		-1.610,00 €
10			
11	**Restbetrag**		**14.490,00 €**

	A	B	C	D	E	F	G	H	I
18									
19	**Auto**					**Festgeld**			
20	**Jahr**	**Wert**	**Verlust**	**Restwert**		**Jahr**	**Wert**	**Gewinn**	**Neuer Wert**
21	1	29.400,00 €	5.292,00 €	24.108,00 €		1	10.500,00 €	546,00 €	11.046,00 €
22	2	24.108,00 €	4.339,44 €	19.768,56 €		2	11.046,00 €	574,39 €	11.620,39 €
23	3	19.768,56 €	3.558,34 €	16.210,22 €		3	11.620,39 €	604,26 €	12.224,65 €
24	4	16.210,22 €	2.917,84 €	13.292,38 €		4	12.224,65 €	635,68 €	12.860,33 €
25	**5**	**13.292,38 €**	**1.595,09 €**	**11.697,29 €**		**5**	**12.860,33 €**	**668,74 €**	**13.529,07 €**
26	6	11.697,29 €	1.403,68 €	10.293,62 €		6	13.529,07 €	703,51 €	14.232,58 €
27	7	10.293,62 €	1.235,23 €	9.058,38 €		7	14.232,58 €	740,09 €	14.972,68 €
28	8	9.058,38 €	1.087,01 €	7.971,38 €		8	14.972,68 €	778,58 €	15.751,26 €
29	9	7.971,38 €	956,57 €	7.014,81 €		9	15.751,26 €	819,07 €	16.570,32 €

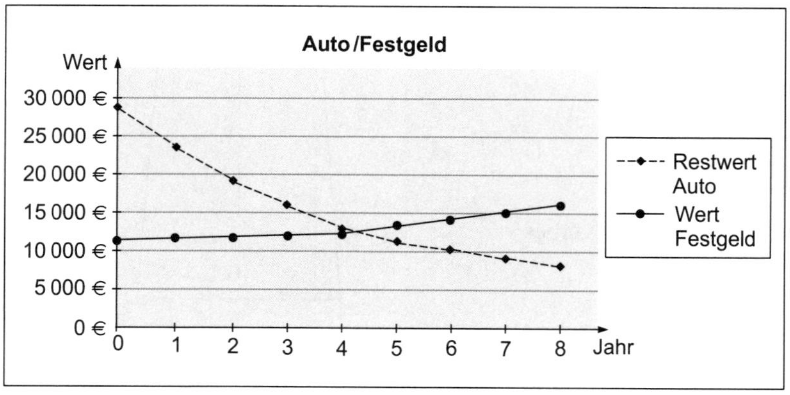

Ab dem **fünften** Jahr ist der Wert des Festgelds höher als der Restwert des Autos.

Hinweise und Tipps

Formelansicht:

	A	B	C
1	**Restgeld**		
2			
3	Gewinn		84000
4	Auto		=-C3*0,35
5	Festgeld		=-C3*1/8
6	Möbel		=-C3*1/3
7			
8	1. Rest		=SUMME(C3:C6)
9	Spende		=-C8/10
10			
11	**Restbetrag**		**=SUMME(C8:C9)**

	A	B	C	D
19	**Auto**			
20	**Jahr**	**Wert**	**Verlust**	**Restwert**
21	1	29400	=B21*0,18	=B21-C21
22	2	=D21	=B22*0,18	=B22-C22
23	3	=D22	=B23*0,18	=B23-C23
24	4	=D23	=B24*0,18	=B24-C24
25	**5**	**=D24**	**=B25*0,12**	**=B25-C25**
26	6	=D25	=B26*0,12	=B26-C26
27	7	=D26	=B27*0,12	=B27-C27
28	8	=D27	=B28*0,12	=B28-C28
29	9	=D28	=B29*0,12	=B29-C29

	F	G	H	I
19	**Festgeld**			
20	**Jahr**	**Wert**	**Gewinn**	**Neuer Wert**
21	1	10500	=G21*0,052	=G21+H21
22	2	=I21	=G22*0,052	=G22+H22
23	3	=I22	=G23*0,052	=G23+H23
24	4	=I23	=G24*0,052	=G24+H24
25	**5**	**=I24**	**=G25*0,052**	**=G25+H25**
26	6	=I25	=G26*0,052	=G26+H26
27	7	=I26	=G27*0,052	=G27+H27
28	8	=I27	=G28*0,052	=G28+H28
29	9	=I28	=G29*0,052	=G29+H29

c) Insgesamt gibt es 216 $(= 6 \cdot 6 \cdot 6)$ verschiedene Kombinationen.

Die Kombinationen mit genau zwei Sechsern hintereinander sind:

1 – 6 – 6	6 – 6 – 1
2 – 6 – 6	6 – 6 – 2
3 – 6 – 6	6 – 6 – 3
4 – 6 – 6	6 – 6 – 4
5 – 6 – 6	6 – 6 – 5

Die Kombination 6 – 6 – 6 wird nicht berücksichtigt, da es heißt: „**genau** zweimal hintereinander", 6 – 6 – 6 ist aber dreimal hintereinander.

$$\text{Wahrscheinlichkeit für zwei Sechsen} = \frac{10}{216} \approx \mathbf{4{,}6\ \%}$$

Für genau drei Sechsen hintereinander gibt es folgende Kombinationen:

1 – 6 – 6 – 6	6 – 6 – 6 – 1
2 – 6 – 6 – 6	6 – 6 – 6 – 2
3 – 6 – 6 – 6	6 – 6 – 6 – 3
4 – 6 – 6 – 6	6 – 6 – 6 – 4
5 – 6 – 6 – 6	6 – 6 – 6 – 5

$$\text{Wahrscheinlichkeit für drei Sechsen} = \frac{10}{6 \cdot 6 \cdot 6 \cdot 6} = \frac{10}{1\,296} \approx \mathbf{0{,}8\ \%}$$

Abschlussprüfung der 10. Klasse an Werkrealschulen in Baden-Württemberg
Mathematik 2010

Grundkenntnisse

Punkte

1. Welche der Winkelfunktionen passen zu diesem Dreieck?

☐ $\sin\beta = \frac{3}{4}$

☐ $\cos\beta = \frac{4}{5}$

☐ $\tan\beta = \frac{5}{3}$

☐ $\cos\gamma = \frac{3}{5}$

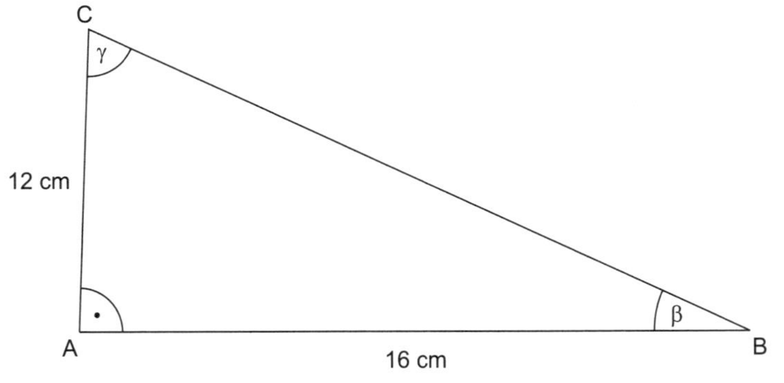

Skizze nicht maßstabsgetreu

Begründen Sie. 1

2. Ein Würfel hat ein Volumen von 25 dm^3.
Wie viel Zentimeter Draht braucht man, um das Kantenmodell dieses Würfels herzustellen? 1

3. Welcher Term entspricht 5^7?

☐ $5^3 : 5^4$ ☐ $5^{10} - 5^3$ ☐ $5^3 : 5^{-2}$ ☐ $5^{10} : 5 : 5^2$ 1

4. Im Dreieck ABC ist der Winkel γ doppelt so groß wie der Winkel β.
Ermitteln Sie den Winkel α.

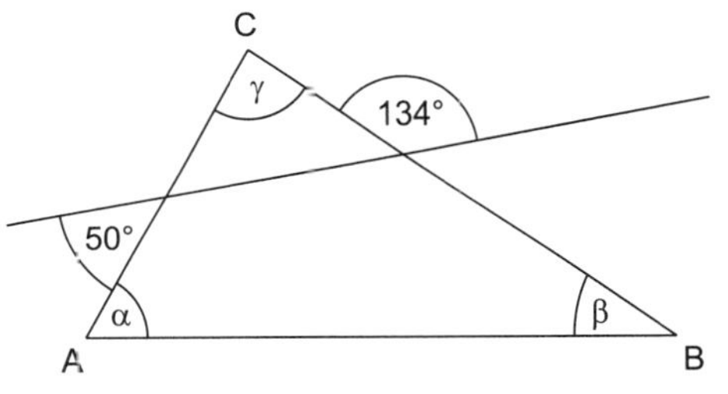

Skizze nicht maßstabsgetreu 1

5. Florian kauft vier Brezeln und drei Brötchen für 2,50 €.
Lena kauft fünf Brezeln und sieben Brötchen. Sie bezahlt 4,10 €.
Welches Gleichungspaar passt?

☐ (1) $v + r = 2{,}50$
(2) $v + r = 4{,}10$

☐ (1) $4v + 3r = 2{,}50$
(2) $5v + 7r = 4{,}10$

☐ (1) $5x + 7y = 4{,}10$
(2) $3x + 4y = 2{,}50$

☐ (1) $4{,}50 = 5x + 7y$
(2) $2{,}10 = 4x + 3y$

Berechnen Sie damit den Preis einer Brezel. 1

6. Berechnen Sie von einem Fahrzeugmodell mit positiver Veränderung und von einem Modell mit negativer Veränderung die Anzahl der Neuzulassungen im Jahr 2007.

Rang	Modellreihe	Neuzulassungen 2007	Veränderung	Neuzulassungen 2008
1.	VW Golf/Jetta		+11,3 %	20 459
2.	Skoda Fabia		+168,5 %	9 190
3.	VW Polo		+52,7 %	8 889
4.	Ford Fiesta		+294,9 %	7 072
5.	VW Passat		−0,2 %	6 953
6.	Audi A4/S4		−2,1 %	6 661
7.	Mercedes C-Klasse		−13,6 %	6 491
8.	Opel Astra		−18,2 %	6 084
9.	Opel Corsa		+18,1 %	5 775
10.	BMW 3er		−13,3 %	5 201

Quelle: Kraftfahrt-Bundesamt 1

7. Wenn man den Radius einer Kugel um 25 % verkleinert, so verkleinert sich die Oberfläche der Kugel ebenfalls um 25 %.
Überprüfen Sie diese Aussage (evtl. mit einem Beispiel). 1

8. Ein Gummiball fällt aus 10 m Höhe auf den Boden. Nach jeder Bodenberührung erreicht er noch 80 % seiner jeweiligen Ausgangshöhe.
Wie hoch springt der Ball noch nach 10 Bodenkontakten? 1

Wahlaufgaben

Punkte

Aufgabe 1

Lena vergleicht verschiedene Handytarife.

	Monatliche Grundgebühr	Minutenpreis	Anmerkung
white	0,00 €	0,69 €	
green	19,95 €	0,40 €	Die ersten 50 Minuten sind frei.
blue	14,95 €	0,49 €	
red	25,00 €	---	Flatrate

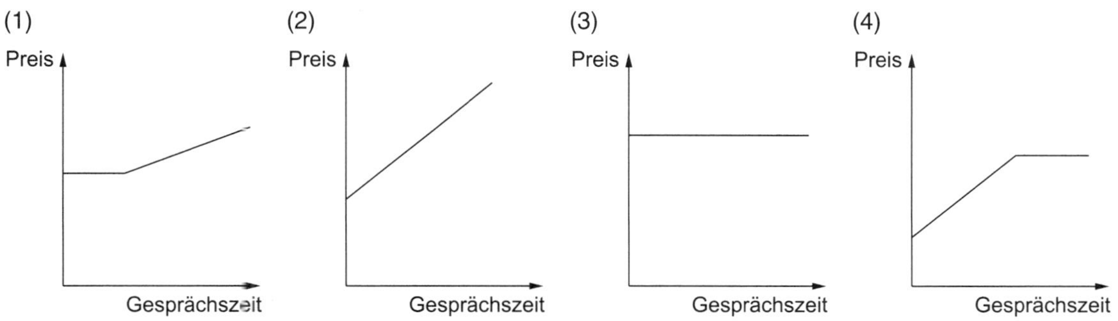

a) Drei der Schaubilder passen zu jeweils einem der oben angegebenen Tarife.
Welches Schaubild passt zu welchem Tarif?
Skizzieren Sie das fehlende Schaubild.
Interpretieren Sie das nicht zugeordnete Schaubild. 3

b) Erstellen Sie ein Diagramm, das die Kosten aller vier oben aufgeführten Tarife jeweils für die ersten 100 Minuten Gesprächszeit vergleicht. TK
Für welchen Tarif würden Sie sich entscheiden?
Begründen Sie. 3

c) Herr und Frau Strobel haben verschiedene Handytarife mit einer Grundgebühr und festem Minutenpreis. Herr Strobel vergleicht seine Handyrechnungen mit denen seiner Frau und erstellt folgende Tabelle:

Gesprächsdauer (in Minuten)	15	30	45	60
Herr Strobel – Rechnungsbetrag (inkl. Grundgebühr)	17,30 €	24,65 €	32,00 €	39,35 €
Frau Strobel – Rechnungsbetrag (inkl. Grundgebühr)	20,80 €	26,65 €	32,50 €	38,35 €

Bestimmen Sie für beide Handytarife eine Funktionsgleichung, mit der sich der Rechnungsbetrag für jede beliebige Gesprächsdauer berechnen lässt.
Zeichnen Sie die Graphen der Funktionsgleichungen in ein geeignetes Koordinatensystem ein.
Bei wie vielen Minuten Gesprächsdauer zahlen Herr und Frau Strobel den gleichen Betrag? 3

Aufgabe 2

a) Ein Schiffskapitän misst am Punkt A den Winkel $\alpha = 55°$. Das Schiff ist 18 km vom Leuchtturm „Altes Land" entfernt. Die Entfernung zum Leuchtturm „Düne" ist 3 km kürzer.

Wie weit sind die beiden Leuchttürme voneinander entfernt?

60 Minuten später misst der Kapitän vom Punkt B aus.

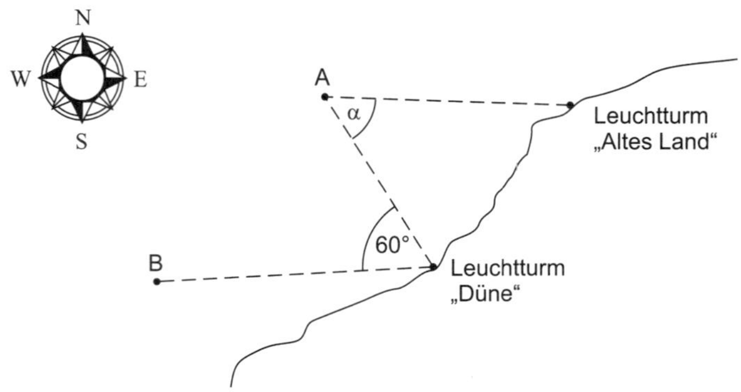

Skizze nicht maßstabsgetreu

Er berechnet, dass sich das Schiff 45 km vom Leuchtturm „Düne" entfernt befindet. Ermitteln Sie die Durchschnittsgeschwindigkeit des Schiffes zwischen A und B. Geben Sie das Ergebnis in Knoten an (1 Knoten = 1 Seemeile pro Stunde; 1 Seemeile = 1,852 km). 3

b) Ein Eisberg mit einem Volumen von 960 km^3 schmilzt jährlich um 8 %. TK

Erstellen Sie mithilfe des Zerfallsfaktors ein aussagekräftiges Diagramm und berechnen Sie den gesamten Volumenverlust nach zehn Jahren in Prozent.

Nach wie vielen Jahren hat der Eisberg theoretisch die Größe eines Kubikkilometers?

3

c) Eine Boje besteht aus einem Kegel, einem Zylinder und einer Halbkugel. Der Kegel hat das halbe Volumen des Zylinders.

Berechnen Sie das Volumen der Boje.

Die Boje sollte sich bei gleichbleibendem Wasserstand maximal 2 m von ihrer Stelle wegbewegen.

Wie lang darf das Verankerungsseil höchstens sein, mit dem die Boje am Seeboden befestigt ist?

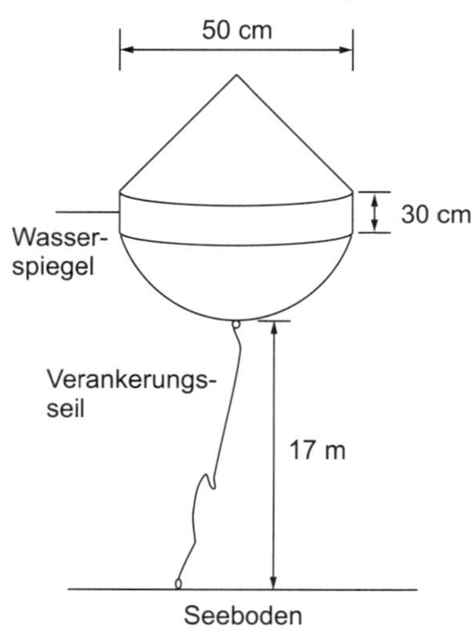

Skizze nicht maßstabsgetreu 3

Aufgabe 3

a) Zeichnen Sie die Parabel $y = 2x^2 + 5$ in ein geeignetes Koordinatensystem.

Die Parabel wird nacheinander …

- an der x-Achse gespiegelt,
- dann an der y-Achse gespiegelt,
- dann um 2 Einheiten nach oben verschoben,
- dann an der Geraden $x = -1$ gespiegelt.

Geben Sie jeweils die neue Parabelgleichung an. 3

b) Zeichnen Sie in das Bild (siehe nächste Seite) ein Koordinatensystem so ein, dass die höchste Stelle des Wasserstrahls als Scheitelpunkt der Parabel auf der y-Achse liegt.

Bestimmen Sie die Gleichung der Parabel in Ihrem Koordinatensystem möglichst genau.

Erstellen Sie mit Ihrer Gleichung eine Wertetabelle für $-4 \leq x \leq 4$. 3

c) Das Glücksrad (1) wird zweimal gedreht.

Wie groß ist die Wahrscheinlichkeit, ein  und ein  zu erhalten?

Dabei spielt die Reihenfolge keine Rolle.

(1)

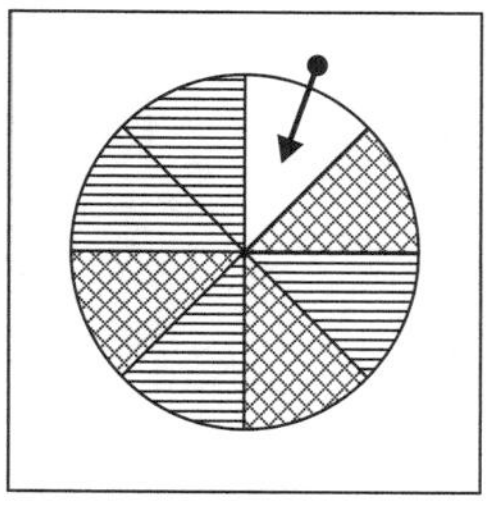

Julian behauptet: „Bei meinem Glücksrad (2) ist die Wahrscheinlichkeit zu gewinnen doppelt so groß“.

Überprüfen Sie diese Behauptung und begründen Sie Ihre Aussage.

(2)

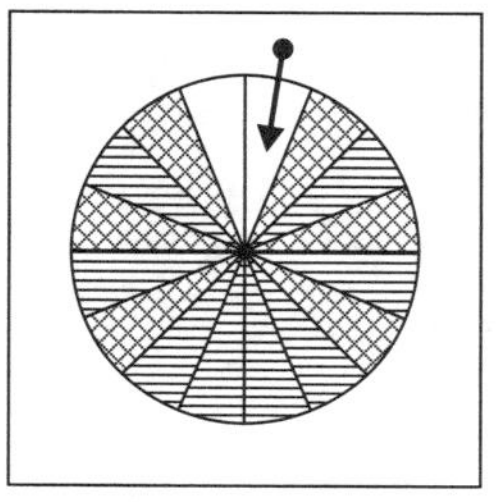

Zeichnen Sie ein Glücksrad mit drei verschiedenen Farbfeldern (weiß, grau, schwarz). Die Wahrscheinlichkeit, ein weißes Feld zu treffen, soll 25 % betragen. 3

Aufgabe 4

a) In der abgebildeten quadratischen Säule ist das Dreieck ACG eingezeichnet.
$\alpha = 18°$ und $\overline{BC} = \overline{CG} = 5\,\text{cm}$

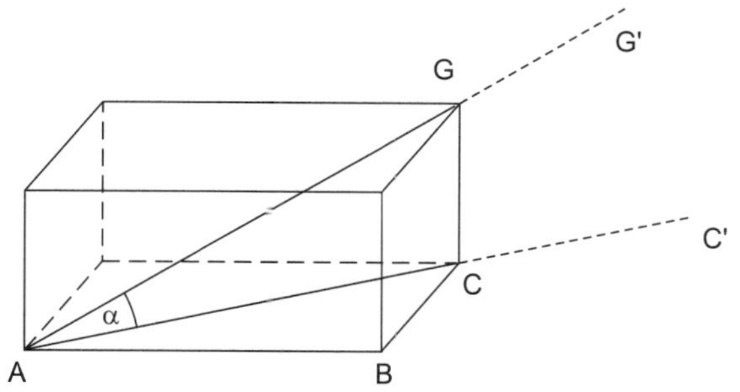

Skizze nicht maßstabsgetreu

Wie groß ist die Fläche des neu entstandenen Dreiecks AC'G', wenn man $\overline{AC}$ über C hinaus und $\overline{AG}$ über G hinaus verdoppelt?

Wie verändert sich dabei das Volumen der Quadratsäule?

Das Volumen der Quadratsäule wird …

- ☐ verdoppelt
- ☐ vervierfacht
- ☐ verachtfacht
- ☐ verzwölffacht.

Begründen Sie Ihre Wahl. 3

b) Ein Copyshop kauft ein Kopiergerät für 3 455,95 € auf Kredit. TK
Der Zinssatz beträgt 5,6 % pro Jahr.

Berechnen Sie mithilfe einer Tabellenkalkulation, wie viele Monatsraten zu je 120 € nötig sind, um den Kredit abzuzahlen.

Wie viel Zinsen (in Euro) müssen insgesamt bezahlt werden?

Wie hoch müsste die monatliche Rate (voller Eurobetrag) sein, damit der Kredit in 24 Monaten vollständig abbezahlt wäre?

Beispiel:

Anschaffungspreis:	3 455,95 €		**monatliche Rate:**	
Zinssatz:	5,60 %			
Monat	**Schuld**	**Zinsen**	**monatl. Rate**	**Restschuld**
1				
2				
…				

3

c) Eisdielenbesitzer Antonio erhöht den Preis für eine Eiskugel von 60 ct auf 80 ct.
Auf Nachfrage begründet er die Preiserhöhung: „Die Eiskugeln haben jetzt einen Durchmesser von 48 mm statt wie bisher 45 mm.“

Wer profitiert von dieser Änderung? Antonio oder der Kunde? Begründen Sie.

Wie müsste sich der Preis der Eiskugeln ändern, damit das Preis-Leistungs-Verhältnis gleich bleibt? 3

Lösungen

Grundkenntnisse

1. $\overline{BC} = \sqrt{12^2+16^2}\text{ cm} = 20\text{ cm}$

☐ $\sin\beta = \frac{12}{20} = \frac{3}{5}$

☒ $\cos\beta = \frac{16}{20} = \frac{4}{5}$

☐ $\tan\beta = \frac{12}{16} = \frac{3}{4}$

☒ $\cos\gamma = \frac{12}{20} = \frac{3}{5}$

Hinweise und Tipps

Satz des Pythagoras

$\sin\beta = \frac{\text{Gegenkathete}}{\text{Hypotenuse}}$

$\cos\beta = \frac{\text{Ankathete}}{\text{Hypotenuse}}$

$\tan\beta = \frac{\text{Gegenkathete}}{\text{Ankathete}}$

---

2. Die Kantenlänge a des Würfels beträgt $\sqrt[3]{25}\text{ dm} \approx 2{,}92\text{ dm} = 29{,}2\text{ cm}$.
Also braucht man $12 \cdot 29{,}2\text{ cm} = \mathbf{350{,}4\text{ cm}}$ Draht.

$V_{\text{Würfel}} = a \cdot a \cdot a = a^3 \Rightarrow a = \sqrt[3]{V_{\text{Würfel}}}$
Ein Würfel hat 12 Kanten.

---

3. ☐ $5^3 : 5^4$ ☐ $5^{10} - 5^3$ ☐ $5^3 : 5^{-2}$ ☒ $5^{10} : 5 : 5^2$

$5^3 : 5^4 = 5^{(3-4)} = 5^{-1} = \frac{1}{5}$

$5^{10} - 5^3$ kann nicht vereinfacht werden.

$5^3 : 5^{-2} = 5^{(3-(-2))} = 5^5$

$5^{10} : 5 : 5^2 = 5^{(10-1-2)} = 5^7$

---

4. Für den Winkel γ gilt: $\gamma = 180° - 50° - 46° = 84°$.
Also ist Winkel $\beta = 84° : 2 = 42°$.
Damit ist **Winkel** $\boldsymbol{\alpha} = 180° - 84° - 42° = \mathbf{54°}$.

Die Winkelsumme im Dreieck beträgt 180°. Nebenwinkel ergänzen sich zu 180°, Scheitelwinkel sind gleich groß.

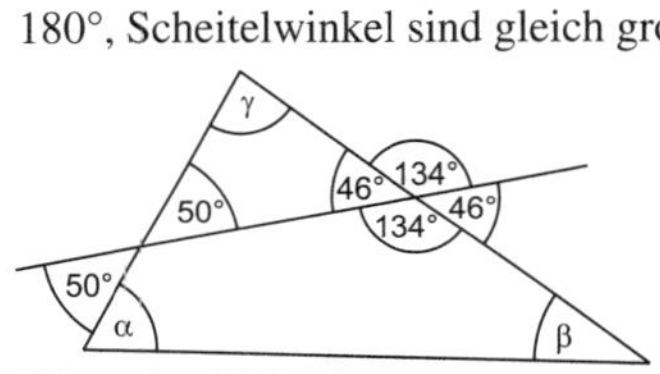

Skizze ohne Maßstab

---

5. Folgendes Gleichungspaar stimmt:
(1) $4v + 3r = 2{,}50$
(2) $5v + 7r = 4{,}10$

Aus (1) folgt: $r = \frac{2{,}50 - 4v}{3}$ (1')

(1') in (2) eingesetzt:

$$5v + 7 \cdot \frac{2{,}50 - 4v}{3} = 4{,}10 \quad |\cdot 3$$
$$15v + 7 \cdot (2{,}50 - 4v) = 12{,}30$$
$$15v + 17{,}50 - 28v = 12{,}30 \quad |-17{,}50$$
$$-13v = -5{,}20 \quad |\cdot(-1)$$
$$13v = 5{,}20 \quad |:13$$
$$v = 0{,}40$$

Eine Brezel kostet **0,40 € = 40 ct**.

v ist der Preis der Brezeln, r der Preis der Brötchen.

Das Gleichungssystem kann mit dem Einsetzungsverfahren gelöst werden.

Gleichung (1) nach r auflösen:

$$4v + 3r = 2{,}50 \quad |-4v$$
$$3r = 2{,}50 - 4v \quad |:3$$
$$r = \frac{2{,}50 - 4v}{3}$$

---

6. Für den **VW Golf** gilt:
20 459 Neuzulassungen im Jahr 2008 sind $100\,\% + 11{,}3\,\% = 111{,}3\,\%$ der Neuzulassungen im Jahr 2007.
Neuzulassungen im Jahr 2007:

$111{,}3\,\% \mathrel{\hat{=}} 20\,459$
$1\,\% \mathrel{\hat{=}} 183{,}818\ldots \approx 183{,}82$
$100\,\% \mathrel{\hat{=}} \mathbf{18\,382}$

Für den **BMW 3er** gilt:
5 201 Neuzulassungen im Jahr 2008 sind $100\,\% - 13{,}3\,\% = 86{,}7\,\%$ der Neuzulassungen im Jahr 2007.
Neuzulassungen im Jahr 2007:

$86{,}7\,\% \mathrel{\hat{=}} 5\,201$
$1\,\% \mathrel{\hat{=}} 59{,}988 \approx 59{,}99$
$100\,\% \mathrel{\hat{=}} \mathbf{5\,999}$

Hinweise und Tipps

Für die restlichen Modelle gilt:

Modellreihe	Neuzulassungen 2007
Skoda Fabia	3 423
VW Polo	5 821
Ford Fiesta	1 791
VW Passat	6 967
Audi A4/S4	6 804
Mercedes C-Klasse	7 513
Opel Astra	7 438
Opel Corsa	4 890

---

7. Wenn der Radius einer Kugel 4 cm beträgt, ist die Oberfläche
$O = 4 \cdot \pi \cdot 16\ \text{cm}^2 \approx 201{,}1\ \text{cm}^2$.
Ist der Radius 3 cm, dann ist die Oberfläche
$O = 4 \cdot \pi \cdot 9\ \text{cm}^2 \approx 113{,}1\ \text{cm}^2$.

75 % von 201,1 cm^2 wären aber $0{,}75 \cdot 201{,}1\ \text{cm}^2 \approx 150{,}8\ \text{cm}^2$.
Dieses Gegenbeispiel zeigt, dass die **Aussage nicht stimmt**.

Für die Oberfläche der Kugel gilt:
$O = 4 \cdot \pi \cdot r^2$

Um 25 % Verkleinern heißt, es bleiben 75 % der ursprünglichen Größe:
75 % von 4 cm = 3 cm

8.

Bodenberührung	0	1	2	3	4	5
Sprunghöhe (m)	10	8	6,4	5,12	4,1	3,28

$\cdot 0{,}8$ $\quad \cdot 0{,}8$ $\quad \cdot 0{,}8$ $\quad \cdot 0{,}8$ $\quad \cdot 0{,}8$

Bodenberührung	6	7	8	9	10
Sprunghöhe (m)	2,62	2,1	1,68	1,34	**1,07**

$\cdot 0{,}8$ $\quad \cdot 0{,}8$ $\quad \cdot 0{,}8$ $\quad \cdot 0{,}8$

Bei jeder Bodenberührung springt der Ball nur 80 % der ursprünglichen Höhe wieder nach oben.
80 % = 0,8

Wahlaufgaben

Aufgabe 1

a) Schaubild (1) passt zu „green“

Der Tarif hat eine Grundgebühr (d. h. Beginn des Schaubilds im positiven y-Bereich oberhalb des Punktes (0 | 0)) und die ersten 50 Minuten sind frei (d. h. Parallele zur x-Achse). Dann bezahlt man pro Minute (steigende Gerade).

Schaubild (2) passt zu „blue“

Grundgebühr und Minutenpreis

Schaubild (3) passt zu „red“

Nur Grundgebühr (Flatrate)

Skizze zum Tarif „white“:

Der Tarif hat keine Grundgebühr (d. h., der Graph beginnt im Nullpunkt) und der Minutenpreis ist relativ teuer (d. h., die Gerade steigt relativ schnell).

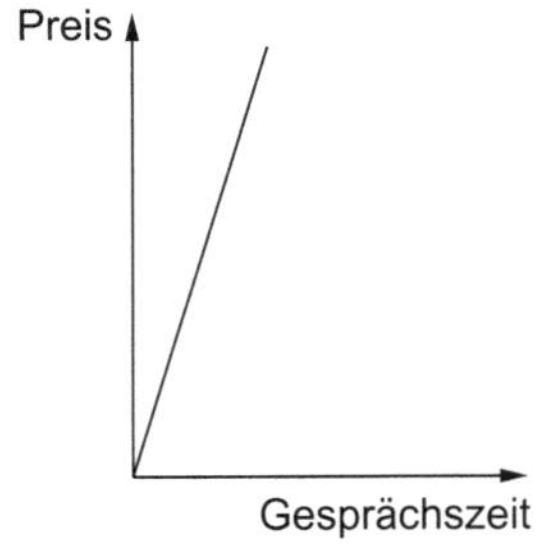

Schaubild (4) zeigt einen Tarif mit Grundgebühr und einem Minutenpreis ab der ersten Gesprächsminute. Ab einer gewissen Gesprächszeit sind alle folgenden Gesprächsminuten kostenfrei.

b) Diagramm

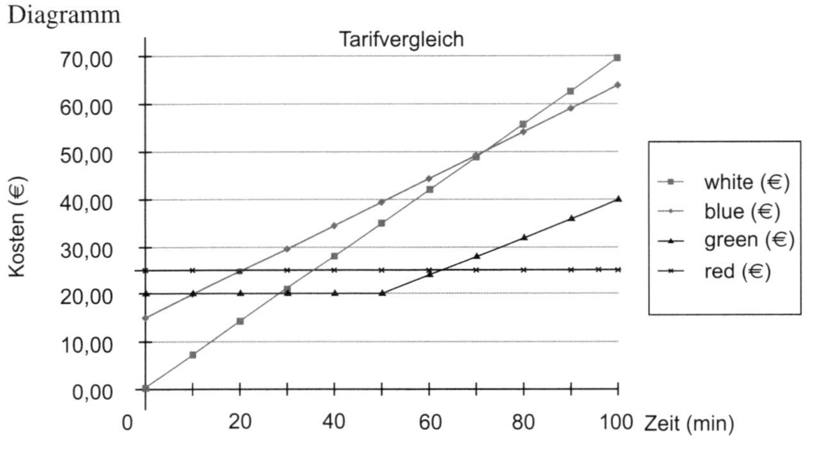

	A	B	C	D	E
1	Zeit (min)	white (€)	green (€)	blue (€)	red (€)
2	0	0,00	19,95	14,95	25,00
3	10	6,90	19,95	19,85	25,00
4	20	13,80	19,95	24,75	25,00
5	30	20,70	19,95	29,65	25,00
6	40	27,60	19,95	34,55	25,00
7	50	34,50	19,95	39,45	25,00
8	60	41,40	23,95	44,35	25,00
9	70	48,30	27,95	49,25	25,00
10	80	55,20	31,95	54,15	25,00
11	90	62,10	35,95	59,05	25,00
12	100	69,00	39,95	63,95	25,00

Tarif „white“: Pro Minute müssen 0,69 € bezahlt werden.

Tarif „green“: Für die ersten 50 Minuten müssen nur 19,95 € bezahlt werden, egal wie lange man telefoniert.
Ab der 51. Minute kostet jede zusätzliche Minute 0,40 €.

Tarif „blue“: Zum Minutenpreis von 0,49 € kommt noch die Grundgebühr von 14,95 €.

Tarif „red“: Egal, wie lange man telefoniert, es werden nur 25 € fällig.

Hinweise und Tipps

Formelansicht:

	A	B	C	D	E
1	Zeit (min)	white (€)	green (€)	blue (€)	red (€)
2	0	0	19,95	14,95	25
3	10	=A3*0,69	19,95	=14,95+A3*0,49	25
4	20	=A4*0,69	19,95	=14,95+A4*0,49	25
5	30	=A5*0,69	19,95	=14,95+A5*0,49	25
6	40	=A6*0,69	19,95	=14,95+A6*0,49	25
7	50	=A7*0,69	19,95	=14,95+A7*0,49	25
8	60	=A8*0,69	=C7+0,4*10	=14,95+A8*0,49	25
9	70	=A9*0,69	=C8+0,4*10	=14,95+A9*0,49	25
10	80	=A10*0,69	=C9+0,4*10	=14,95+A10*0,49	25
11	90	=A11*0,69	=C10+0,4*10	=14,95+A11*0,49	25
12	100	=A12*0,69	=C11+0,4*10	=14,95+A12*0,49	25

Ich würde mich für die Flatrate entscheiden, da ich pro Monat mehr als 70 Minuten telefoniere und dieser Tarif dafür am günstigsten ist.

Es sind unterschiedliche Begründungen möglich, je nachdem, wie viele Minuten pro Monat telefoniert werden.

c) Herr Strobel:
Minuten 15–30: 24,65 € – 17,30 € = 7,35 €
Minuten 30–45: 32,00 € – 24,65 € = 7,35 €
Die Grundgebühr beträgt also 17,30 € – 7,35 € = 9,95 €,
der Minutenpreis 7,35 € : 15 = 0,49 €.
Funktionsgleichung: $\mathbf{y_1 = 0{,}49 \cdot x_1 + 9{,}95}$

Frau Strobel:
Minuten 15–30: 26,65 € – 20,80 € = 5,85 €
Minuten 30–45: 32,50 € – 26,65 € = 5,85 €
Die Grundgebühr beträgt also 20,80 € – 5,85 € = 14,95 €,
der Minutenpreis 5,85 € : 15 = 0,39 €.
Funktionsgleichung: $\mathbf{y_2 = 0{,}39 \cdot x_2 + 14{,}95}$

Durch die Berechnung der Kosten für 15 Minuten Telefonieren können die Höhe der Grundgebühr und der Minutenpreis berechnet werden.

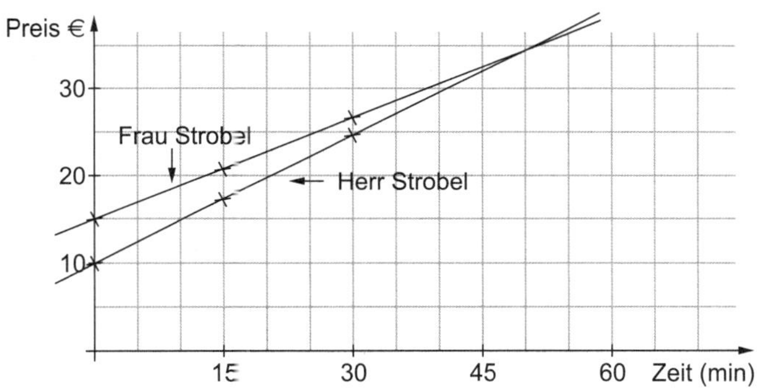

Die Geraden können mithilfe der Punkte aus der Tabelle in das Koordinatensystem eingetragen werden.

$$0{,}49 \cdot x + 9{,}95 = 0{,}39 \cdot x + 14{,}95 \quad |-9{,}95 - 0{,}39x$$
$$0{,}1 \cdot x = 5 \quad |:0{,}1$$
$$x = 50$$

Für **50 Minuten Gesprächszeit** zahlen Herr und Frau Strobel den gleichen Betrag.

Für gleiche Beträge und gleiche Gesprächszeit gilt: $y_1 = y_2$ und $x_1 = x_2$.
Die beiden Funktionsgleichungen müssen also gleichgesetzt und nach x aufgelöst werden.
Der Wert kann auch aus dem Diagramm abgelesen werde. Der Schnittpunkt der beiden Geraden gibt an, bei wie vielen Minuten die beiden den gleichen Betrag bezahlen.

Aufgabe 2

a) Es ist $\cos 55° = \frac{\overline{AE}}{15\text{ km}} \Rightarrow \overline{AE} = 15\text{ km} \cdot \cos 55° \approx 8{,}60\text{ km}$

Dann ist $\overline{DE} = 18\text{ km} - 8{,}6\text{ km} = 9{,}4\text{ km}$.

Es gilt: $\sin 55° = \frac{\overline{CE}}{15\text{ km}} \Rightarrow \overline{CE} = 15\text{ km} \cdot \sin 55° \approx 12{,}29\text{ km}$

Nach dem Satz des Pythagoras ist

$\overline{CD} = \sqrt{\overline{DE}^2 + \overline{CE}^2} = \sqrt{9{,}4^2 + 12{,}29^2}\text{ km} \approx 15{,}5\text{ km}$.

Die beiden Leuchttürme sind **15,5 km** voneinander entfernt.

Für die Ermittlung der Geschwindigkeit gilt:

- $\sin 60° = \frac{\overline{AF}}{15\text{ km}} \Rightarrow \overline{AF} = 15\text{ km} \cdot \sin 60° \approx 13{,}0\text{ km}$
- $\cos 60° = \frac{\overline{CF}}{15\text{ km}} \Rightarrow \overline{CF} = 15\text{ km} \cdot \cos 60° = 7{,}5\text{ km}$
- $\overline{BF} = 45\text{ km} - 7{,}5\text{ km} = 37{,}5\text{ km}$
- $\overline{AB} = \sqrt{37{,}5^2 + 13^2}\text{ km} \approx 39{,}7\text{ km}$

Das Schiff hat in einer Stunde also 39,7 km zurückgelegt.
Geschwindigkeit zwischen A und B = (39,7 : 1,852) Knoten ≈ **21,4 Knoten**.

Hinweise und Tipps

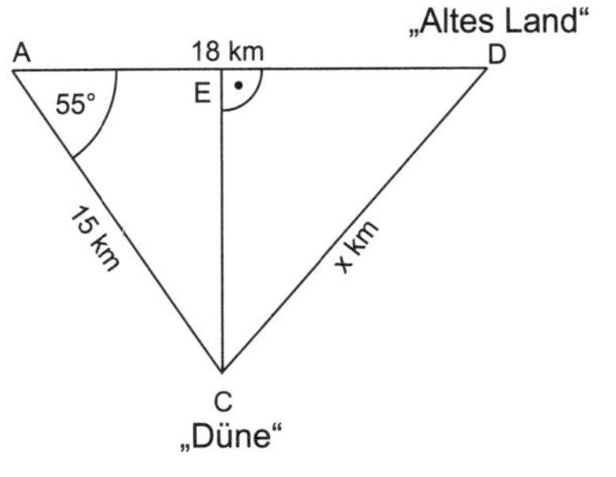

Skizze ohne Maßstab

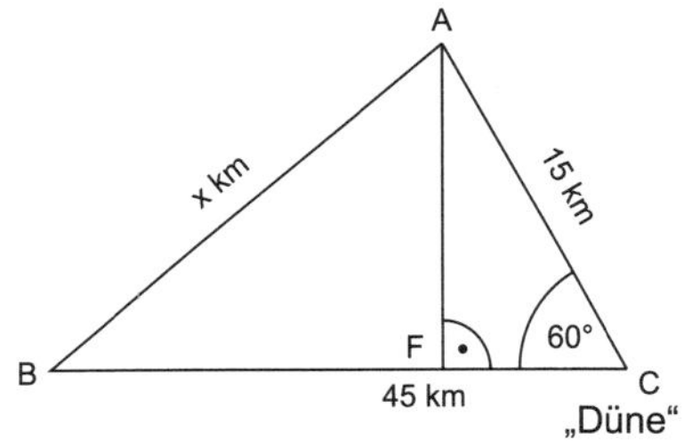

Skizze ohne Maßstab

b)

	A	B	C	D
1	Jahr	Volumen (km³)	Volumen-verlust (km³)	Restvolu-men (km³)
2	0	960,0	76,800	883,2
3	1	883,2	70,656	812,5
4	2	812,5	65,004	747,5
5	3	747,5	59,803	687,7
6	4	687,7	55,019	632,7
7	5	632,7	50,617	582,1
8	6	582,1	46,568	535,5
9	7	535,5	42,843	492,7
10	8	492,7	39,415	453,3
11	9	453,3	36,262	417,0
12	10	417,0	33,361	383,7

Formelansicht:

	A	B	C	D
1	Jahr	Volumen (km³)	Volumen-verlust (km³)	Restvolu-men (km³)
2	0	960	=B2*0,08	=B2*0,92
3	1	=D2	=B3*0,08	=B3*0,92
4	2	=D3	=B4*0,08	=B4*0,92
5	3	=D4	=B5*0,08	=B5*0,92
6	4	=D5	=B6*0,08	=B6*0,92
7	5	=D6	=B7*0,08	=B7*0,92
8	6	=D7	=B8*0,08	=B8*0,92
9	7	=D8	=B9*0,08	=B9*0,92
10	8	=D9	=B10*0,08	=B10*0,92
11	9	=D10	=B11*0,08	=B11*0,92
12	10	=D11	=B12*0,08	=B12*0,92

Schmelzverlust pro Jahr: 8 % = 0,08; das Restvolumen beträgt jeweils 92 % = 0,92 des ursprünglichen Volumens.

Hinweise und Tipps

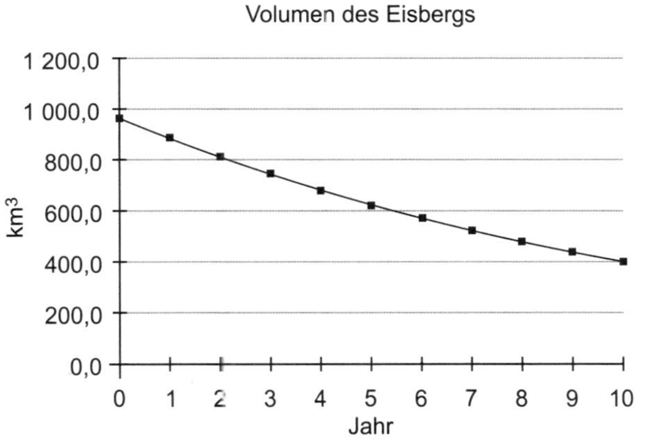

Volumenverlust nach 10 Jahren:

$960\ km^3 - 417\ km^3 = 543\ km^3$

$p = \frac{543\ km^3 \cdot 100}{960\ km^3}$

$p\ \% = \mathbf{56{,}6\ \%}$

Nach 10 Jahren hat der Eisberg **56,6 %** seines Volumens verloren.

Nach **82 Jahren** hat der Eisberg noch ein Volumen von 1 km^3.

$p = \frac{P \cdot 100}{G}$

Das ursprüngliche Volumen ist der Grundwert, der Volumenverlust der Prozentwert.

Die Tabellenkalkulation muss so weit fortgeführt werden, bis man die Daten ablesen kann.

c) Volumen des Zylinders:
$V = \pi \cdot 25^2\ cm^2 \cdot 30\ cm \approx 58\,905\ cm^3$

Volumen des Kegels:
$58\,905\ cm^3 : 2 \approx 29\,453\ cm^3$

Volumen der Halbkugel:
$V = \frac{2}{3} \cdot \pi \cdot 25^3\ cm^3 \approx 32\,725\ cm^3$

Gesamtvolumen der Boje:
$58\,905\ cm^3 + 29\,453\ cm^3 + 32\,725\ cm^3 = \mathbf{121\,083\ cm^3}$.

Nach dem Satz des Pythagoras gilt für die Seillänge:

Seillänge $= \sqrt{17^2 + 2^2}\ m \approx \mathbf{17{,}12\ m}$

Volumen eines Zylinders:
$V = \pi \cdot r^2 \cdot h$

Volumen einer Halbkugel:
$V = \frac{1}{2} \cdot \frac{4}{3} \cdot \pi \cdot r^3$

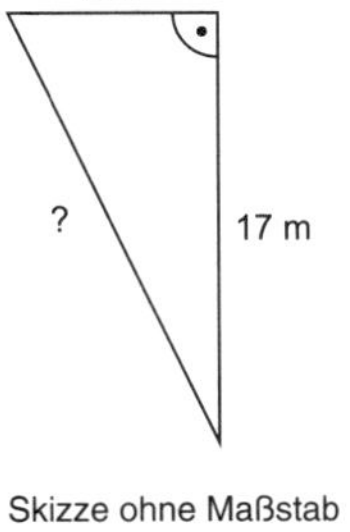

Skizze ohne Maßstab

Aufgabe 3

a)

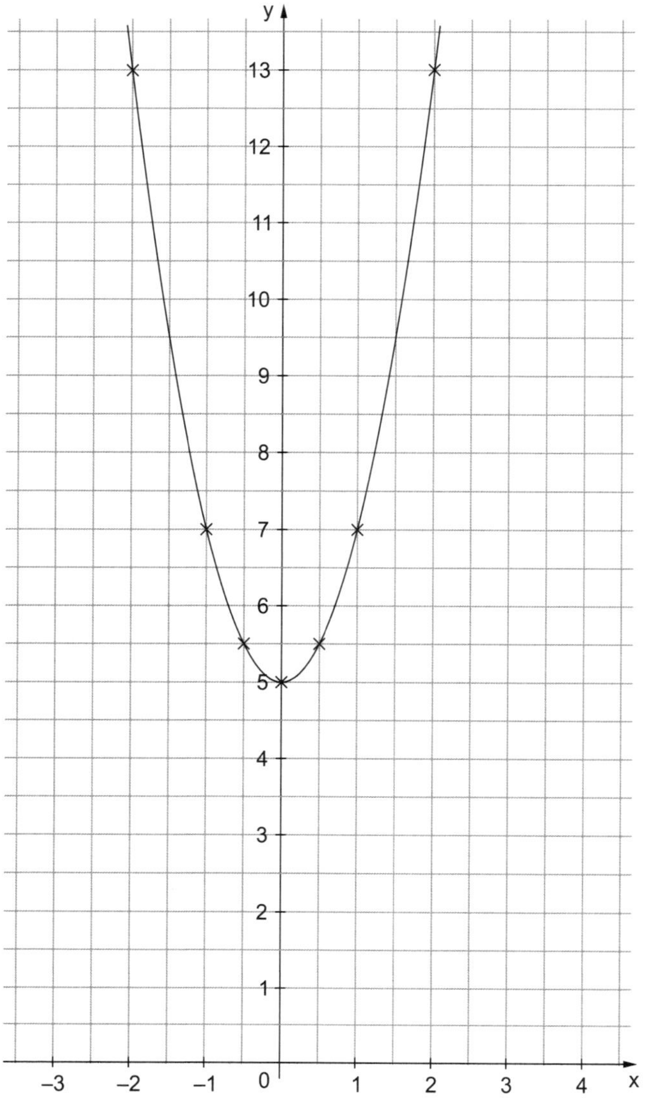

Spiegelung an der x-Achse:
$\mathbf{y = -2x^2 - 5}$

Spiegelung an der y-Achse:
$\mathbf{y = -2x^2 - 5}$

Verschiebung um 2 Einheiten nach oben:
$\mathbf{y = -2x^2 - 3}$

Spiegelung an $x = -1$:
$\mathbf{y = -2(x + 2)^2 - 3}$

Hinweise und Tipps

Wertetabelle für $y = 2x^2 + 5$:

x	–2	–1	–0,5	0	0,5	1	2
y	13	7	5,5	5	5,5	7	13

Der Scheitel liegt nun bei $(0\,|\,-5)$, die Parabel ist nach unten geöffnet.

Es ändert sich nichts, da die Parabel symmetrisch zur y-Achse ist.

Der Scheitel liegt nun bei $(0\,|\,-3)$.

Der Scheitel „wandert" um $d = 2$ Einheiten nach links.
Für eine horizontale Verschiebung von $y = a \cdot x^2 + c$ um d nach links gilt:
$y = a \cdot (x + d)^2 + c$

b) Eine Möglichkeit ist:

Bei einer Längeneinheit von 1 cm ergibt sich annähernd $y = -\frac{1}{2}x^2$.
Wertetabelle:

x	−4	−3	−2	−1	0	1	2	3	4
y	−8	−4,5	−2	−0,5	0	−0,5	−2	−4,5	−8

Hinweise und Tipps

Es sind unterschiedliche Lösungen möglich, je nachdem, wie man das Koordinatensystem legt. Wichtig ist aber, dass der Scheitelpunkt auf der y-Achse liegt.
Hier liegt der Scheitelpunkt im Ursprung.

c) Erst liniert, dann kariert hat die Wahrscheinlichkeit $\frac{1}{2} \cdot \frac{3}{8} = \frac{3}{16}$ (1. Pfadregel).
Erst kariert, dann liniert hat dieselbe Wahrscheinlichkeit.

Nach der 2. Pfadregel gilt für beide Wahrscheinlichkeiten zusammen:

$\frac{3}{16} + \frac{3}{16} = \frac{6}{16} = \frac{3}{8} = 0{,}375 = \mathbf{37{,}5\ \%}$

Bei Glücksrad 2 ist die Wahrscheinlichkeit zu gewinnen **genauso groß** wie bei Rad 1: Es wurden alle Felder halbiert und damit auch die Gesamtzahl der Felder verdoppelt:

$\frac{1}{8} = \frac{2}{16}$ bzw. $\frac{4}{8} = \frac{8}{16}$ bzw. $\frac{3}{8} = \frac{6}{16}$

Glücksrad mit der Wahrscheinlichkeit 25 % für das weiße Feld:

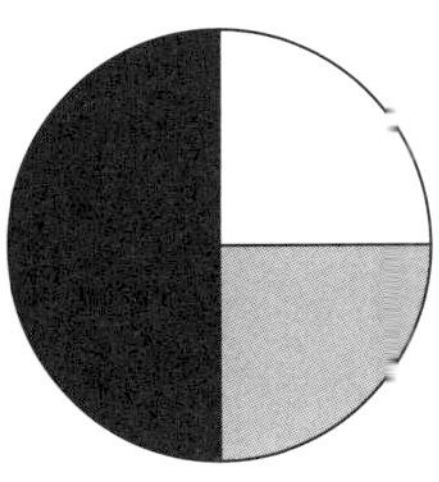

1 Feld von 8 Feldern ist weiß (Wahrscheinlichkeit = $\frac{1}{8}$),
4 Felder sind liniert $\left(\frac{4}{8} = \frac{1}{2}\right)$ und
3 Felder sind kariert $\left(\frac{3}{8}\right)$.

Baumdiagramm:

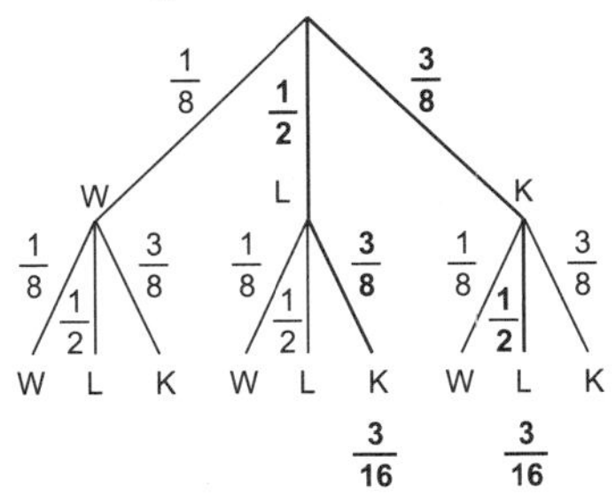

$25\ \% = \frac{1}{4}$

Die Größe der Felder muss so gewählt werden, dass die weiße Fläche insgesamt ein Viertel der Kreisfläche einnimmt. Die Anordnung der Farben sowie die Verteilung von grau und schwarz spielt dabei keine Rolle.

Aufgabe 4

Hinweise und Tipps

a) Es gilt:

$$\tan\alpha = \frac{\overline{CG}}{\overline{AC}} \Rightarrow \overline{AC} = \frac{\overline{CG}}{\tan\alpha} = \frac{5\text{ cm}}{\tan 18°} \approx 15{,}4\text{ cm}$$

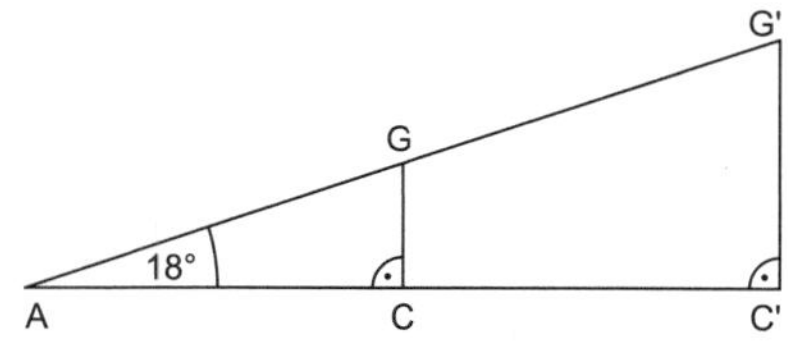

Also ist $\overline{AC'} = 30{,}8\text{ cm}$.

Nach dem Strahlensatz ist $\overline{C'G'} = 2\cdot\overline{CG} = 10\text{ cm}$.

Das rechtwinklige Dreieck AC'G' hat die Fläche:

$$A = \frac{30{,}8\cdot 10}{2}\text{ cm}^2 = \mathbf{154\text{ cm}^2}$$

$A = \frac{g\cdot h}{2}$

Das Volumen der Quadratsäule **verachtfacht** sich, denn es gilt:

$a' = 2\cdot a,\ b' = 2\cdot b$ und $c' = 2\cdot c$

Also:

$V' = 2\cdot a\cdot 2\cdot b\cdot 2\cdot c = 8\cdot(a\cdot b\cdot c) = 8\cdot V$

b)

	A	B	C	D	E
1	**Monat**	**Schuld**	**Zinsen**	**monatl. Rate**	**Restschuld**
2	1	3.455,95 €	16,13 €	120,00 €	3.352,08 €
3	2	3.352,08 €	15,64 €	120,00 €	3.247,72 €
4	3	3.247,72 €	15,16 €	120,00 €	3.142,88 €
5	4	3.142,88 €	14,67 €	120,00 €	3.037,54 €
6	5	3.037,54 €	14,18 €	120,00 €	2.931,72 €
7	6	2.931,72 €	13,68 €	120,00 €	2.825,40 €
8	7	2.825,40 €	13,19 €	120,00 €	2.718,59 €
9	8	2.718,59 €	12,69 €	120,00 €	2.611,27 €
10	9	2.611,27 €	12,19 €	120,00 €	2.503,46 €
11	10	2.503,46 €	11,68 €	120,00 €	2.395,14 €
12	11	2.395,14 €	11,18 €	120,00 €	2.286,32 €
13	12	2.286,32 €	10,67 €	120,00 €	2.176,99 €
14	13	2.176,99 €	10,16 €	120,00 €	2.067,15 €
15	14	2.067,15 €	9,65 €	120,00 €	1.956,79 €
16	15	1.956,79 €	9,13 €	120,00 €	1.845,93 €
17	16	1.845,93 €	8,61 €	120,00 €	1.734,54 €
18	17	1.734,54 €	8,09 €	120,00 €	1.622,63 €
19	18	1.622,63 €	7,57 €	120,00 €	1.510,21 €
20	19	1.510,21 €	7,05 €	120,00 €	1.397,25 €
21	20	1.397,25 €	6,52 €	120,00 €	1.283,77 €
22	21	1.283,77 €	5,99 €	120,00 €	1.169,77 €
23	22	1.169,77 €	5,46 €	120,00 €	1.055,22 €
24	23	1.055,22 €	4,92 €	120,00 €	940,15 €
25	24	940,15 €	4,39 €	120,00 €	824,54 €
26	25	824,54 €	3,85 €	120,00 €	708,38 €
27	26	708,38 €	3,31 €	120,00 €	591,69 €
28	27	591,69 €	2,76 €	120,00 €	474,45 €
29	28	474,45 €	2,21 €	120,00 €	356,67 €
30	29	356,67 €	1,66 €	120,00 €	238,33 €
31	30	238,33 €	1,11 €	120,00 €	119,44 €
32	**31**	119,44 €	0,56 €	120,00 €	0,00 €
33		**Summe**	**264,05 €**		

Hinweise und Tipps

Formelansicht:

	A	B	C	D	E
1	**Monat**	**Schuld**	**Zinsen**	**monatl. Rate**	**Restschuld**
2	1	3455,95	=B2*0,056/12	120	=B2+C2-D2
3	2	=E2	=B3*0,056/12	120	=B3+C3-D3
4	3	=E3	=B4*0,056/12	120	=B4+C4-D4
5	4	=E4	=B5*0,056/12	120	=B5+C5-D5
6	5	=E5	=B6*0,056/12	120	=B6+C6-D6
7	6	=E6	=B7*0,056/12	120	=B7+C7-D7
8	7	=E7	=B8*0,056/12	120	=B8+C8-D8
9	8	=E8	=B9*0,056/12	120	=B9+C9-D9
10	9	=E9	=B10*0,056/12	120	=B10+C10-D10
11	10	=E10	=B11*0,056/12	120	=B11+C11-D11
12	11	=E11	=B12*0,056/12	120	=B12+C12-D12
13	12	=E12	=B13*0,056/12	120	=B13+C13-D13
14	13	=E13	=B14*0,056/12	120	=B14+C14-D14
15	14	=E14	=B15*0,056/12	120	=B15+C15-D15
16	15	=E15	=B16*0,056/12	120	=B16+C16-D16
17	16	=E16	=B17*0,056/12	120	=B17+C17-D17
18	17	=E17	=B18*0,056/12	120	=B18+C18-D18
19	18	=E18	=B19*0,056/12	120	=B19+C19-D19
20	19	=E19	=B20*0,056/12	120	=B20+C20-D20
21	20	=E20	=B21*0,056/12	120	=B21+C21-D21
22	21	=E21	=B22*0,056/12	120	=B22+C22-D22
23	22	=E22	=B23*0,056/12	120	=B23+C23-D23
24	23	=E23	=B24*0,056/12	120	=B24+C24-D24
25	24	=E24	=B25*0,056/12	120	=B25+C25-D25
26	25	=E25	=B26*0,056/12	120	=B26+C26-D26
27	26	=E26	=B27*0,056/12	120	=B27+C27-D27
28	27	=E27	=B28*0,056/12	120	=B28+C28-D28
29	28	=E28	=B29*0,056/12	120	=B29+C29-D29
30	29	=E29	=B30*0,056/12	120	=B30+C30-D30
31	30	=E30	=B31*0,056/12	120	=B31+C31-D31
32	**31**	=E31	=B32*0,056/12	120	=B32+C32-D32
33		**Summe**	**=SUMME(C2:C32)**		

Die Formel für die Monatszinsen lautet:

$Z = \frac{K \cdot p}{100 \cdot 12} = K \cdot \frac{p}{100} \cdot \frac{1}{12}$

Die Zinsen werden in jedem Monat niedriger, da pro Monat 120 € abbezahlt werden.

Der Kredit ist nach **31 Monaten** abbezahlt.

Insgesamt müssen **264,05 €** Zinsen bezahlt werden.

Bei einer **monatlichen Rate von 152,55 €** ist der Kredit nach 24 Monaten bezahlt.

Durch Einsetzen verschiedener Raten in der Tabellenkalkulation erhält man den Wert.

c) Volumen einer Kugel mit d = 48 mm, d. h. r = 24 mm:

$V = \frac{4}{3} \cdot \pi \cdot 24^3 \text{ mm}^3 \approx 57\,906 \text{ mm}^3 \approx 57{,}9 \text{ cm}^3$

Volumen einer Kugel mit d = 45 mm (r = 22,5 mm³):

$V = \frac{4}{3} \cdot \pi \cdot 22{,}5^3 \text{ mm}^3 \approx 47\,713 \text{ mm}^3 \approx 47{,}7 \text{ cm}^3$

Beim alten Preis kostete 1 cm³ Eis:
$60 \text{ ct} : 47{,}7 \approx 1{,}26 \text{ ct}$

Beim neuen Preis kostet 1 cm³ Eis:
$80 \text{ ct} : 57{,}9 \approx 1{,}38 \text{ ct}$

Also profitiert **Antonio**.

Bliebe das Preis-Leistungs-Verhältnis gleich, müsste die größere Kugel $57{,}9 \cdot 1{,}26 \text{ ct} \approx$ **73 ct** kosten.

Volumen Kugel:

$V = \frac{4}{3} \cdot \pi \cdot r^3$

$1 \text{ cm}^3 = 1\,000 \text{ mm}^3$

Grundkenntnisse

Punkte

1. Welche Stadt passt zu beiden Schaubildern? Begründen Sie Ihre Wahl.

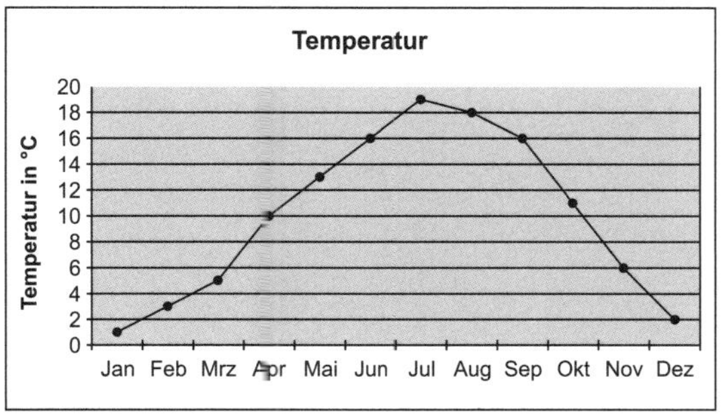

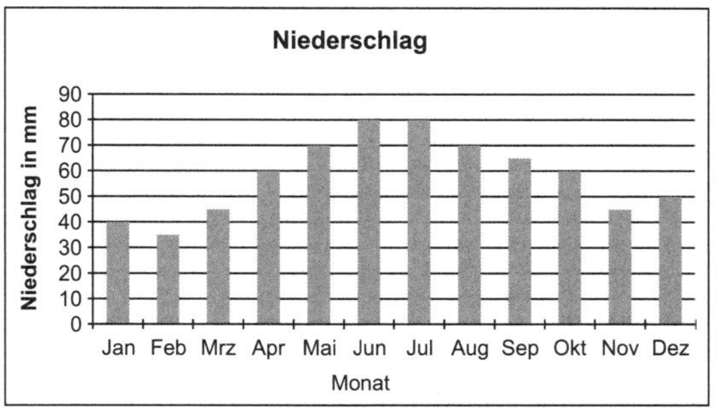

Stadt	durchschnittliche Jahrestemperatur	jährliche Niederschlagsmenge
Moskau	9 °C	ca. 720 mm
Stuttgart	10 °C	ca. 700 mm
London	11 °C	ca. 610 mm

1

2. Eine Parabel ist gegeben durch: $y = \frac{1}{2}x^2 + 1$

Welcher der Punkte liegt auf der Parabel?

☐ $P_1(3|4,5)$ ☐ $P_2(3|2)$ ☐ $P_3(2|3)$ 1

3. Ein Kegel ist gegeben durch $h = 12$ cm und $V = 2$ dm^3.
Berechnen Sie den Neigungswinkel.

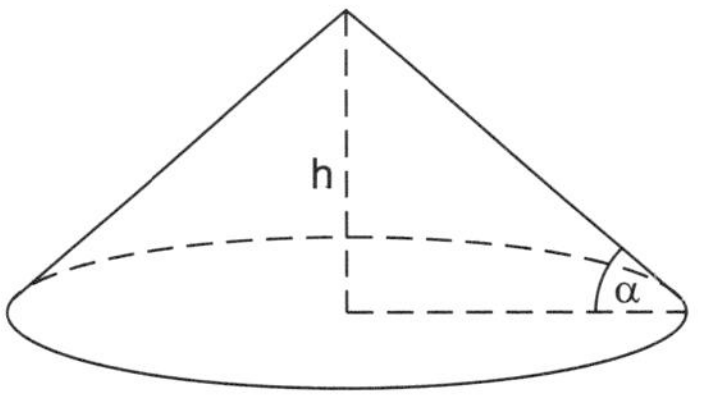

(Skizze nicht maßstabsgetreu) 1

4. Zwei Quadrate haben zusammen einen Flächeninhalt von 238,5 cm^2.
Berechnen Sie die Flächeninhalte.

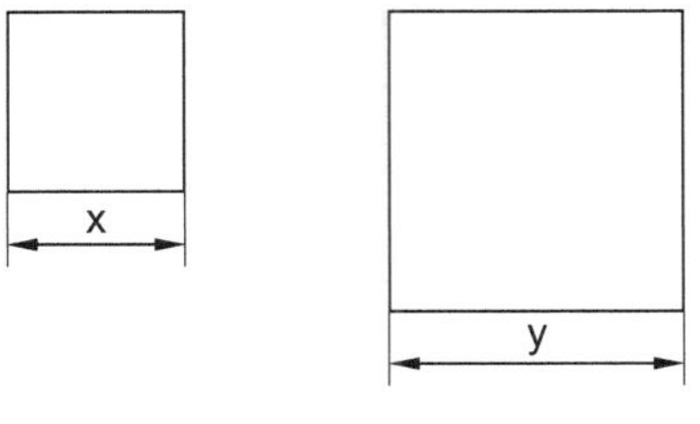

$x + y = 21$ cm

1

5. Ein Geldbetrag wird auf 10 Jahre angelegt und erreicht einen Endwert von 4 658,91 €.
Nach 8 Jahren beträgt der Zwischenwert 4 266,30 €.
Wie hoch war dieser angelegte Geldbetrag? 1

6. Ein Würfel wird zweimal geworfen. Mit welcher Wahrscheinlichkeit ergibt sich eine Summe der Augenzahlen von 6? 1

7. Setzen Sie die Reihe um zwei Werte fort.

1, 8, 27, 64, 125, … 1

8. Welche der quadratischen Gleichungen hat keine Lösung?

- ☐ $x^2 + 4x = 0$
- ☐ $x^2 + 4x + 4 = 0$
- ☐ $x^2 + 4x + 8 = 0$

Begründen Sie Ihre Antwort. 1

Wahlaufgaben

Punkte

Aufgabe 1

a) Ein Mischbrot kostete 1992 rund 85 ct (1,70 DM). In den folgenden Jahren betrug der durchschnittliche Preisanstieg seitdem ca. 5 % pro Jahr. TK
Stellen Sie für diesen Sachverhalt eine Funktionsgleichung auf und erstellen Sie einen Graphen in einem geeigneten Koordinatensystem.

Wie viel Euro müsste man im Jahr 2012 bei einem gleichbleibenden Preisanstieg bezahlen?

Wie hoch wäre der jährliche Preisanstieg, wenn das Brot im Jahr 2003 nur 1,06 € gekostet hätte? 3

b) Eine Autovermietung kalkuliert für ihre Autos:

	Oberklasse	**Kleinwagen**
Anschaffungskosten auf einen Tag umgerechnet	21 €	8 €
Kosten pro Kilometer (Benzin, Wartung, Verschleißteile, Steuer …)	0,52 €	0,32 €
durchschnittlich gefahrene Kilometerzahl an einem Tag	320 km	180 km

Stellen Sie sich vor, Sie sind Chef der Autovermietung. Welchen Tarif mit Grundpreis und Kilometerpreis können Sie für **eine** der beiden Wagenklassen anbieten, damit Sie ca. 20 % Gewinn machen?

Geben Sie für Ihr Angebot die Funktionsgleichung an.

Wie verändert sich bei Ihrem Angebot der Gewinn für die Autovermietung, wenn sich die durchschnittliche Fahrleistung auf 500 km pro Tag erhöht? 3

c) Berechnen Sie den Winkel α, die Strecke $\overline{BC}$ und die Fläche des Vierecks ABCD.

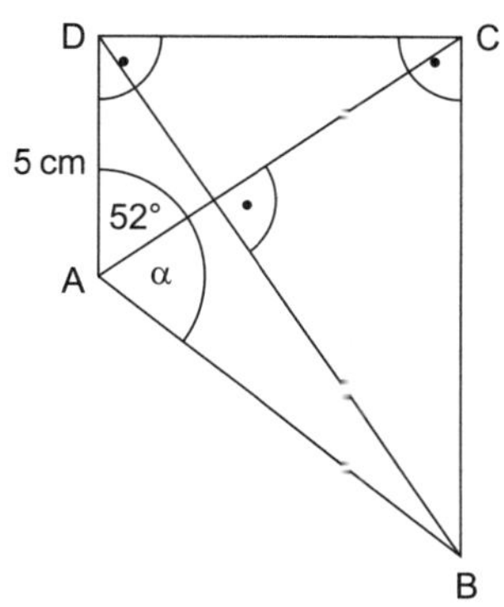

(Skizze nicht maßstabsgetreu) 3

Aufgabe 2

Die vier Schaubilder stellen das gleichmäßige Befüllen von geometrischen Körpern dar.

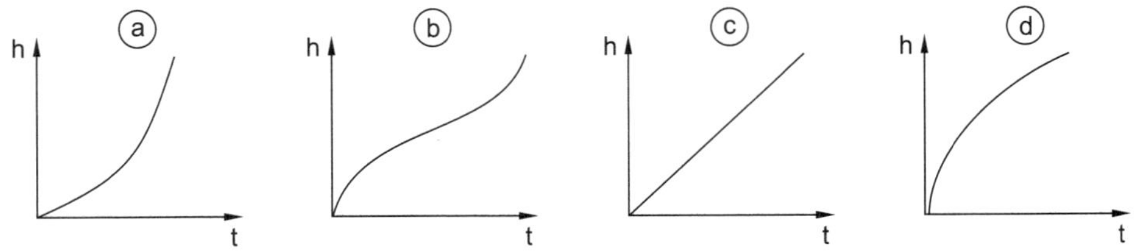

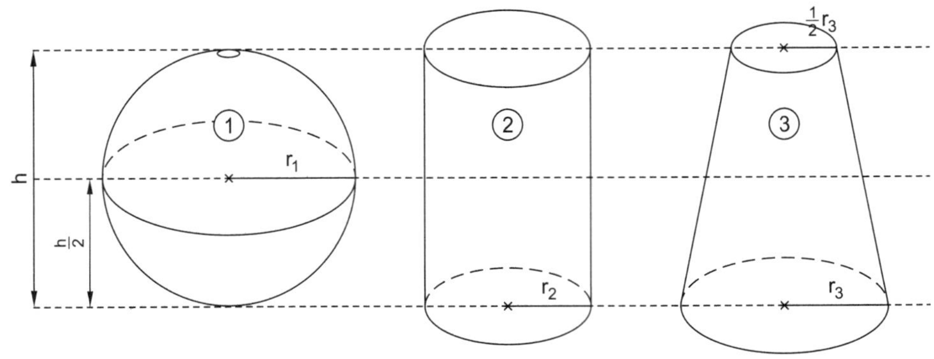

$r_1 = 8$ cm $\quad r_2 = 6{,}5$ cm $\quad r_3 = 8{,}5$ cm

(Skizze nicht maßstabsgetreu)

a) Drei der vier Schaubilder passen jeweils zu einem der abgebildeten Körper.
Welches Schaubild passt zu welchem Körper?
Interpretieren Sie das nicht zugeordnete Schaubild und fertigen Sie eine Skizze eines dazu passenden Körpers an. 3

b) Körper ① und ③ werden jeweils befüllt.
Dabei werden pro Sekunde 100 $m\ell$ Wasser eingegossen.
Wie lange dauert dies?
Welcher der beiden Körper ist zuerst befüllt? 3

> Formel zur Berechnung des Volumens von Kegelstümpfen:
>
> $$V_{KS} = \frac{1}{3} \cdot \pi \cdot h(r_D^2 + r_D \cdot r_G + r_G^2)$$
>
> mit:
> r_D = Radius der Deckfläche
> r_G = Radius der Grundfläche

c) Verändern Sie den Radius eines der Körper ① oder ② so, dass beide die gleiche Oberfläche haben. 3

Aufgabe 3

TK

a)

Durchschnittl. monatl. Ausbildungsvergütungen im 1. Lehrjahr 2009	Euro	Durchschnittl. monatl. Ausbildungsvergütungen im 1. Lehrjahr 2009	Euro
Vermessungstechnikerin	651	Bürokauffrau	705
Hotelfachfrau	517	Dachdeckerin	450
Mechatronikerin	774	Erzieherin	710
Verkäuferin	620	Verwaltungsfachangestellte	690
Floristin	410	Drogistin	620
Bankkauffrau	754	Köchin	516
Gärtnerin	498	Forstwirtin	596
Medizinische Fachangestellte	530	Reiseverkehrskauffrau	547

(Quelle: Bundesinstitut für Berufsbildung; der Einfachheit halber wird auf die männliche Form verzichtet.)

Berechnen Sie Mittelwert und Zentralwert.
Fertigen Sie ein aussagekräftiges Diagramm für die durchschnittlichen monatlichen Ausbildungsvergütungen an und tragen Sie den Mittelwert ein.

2009 betrugen die Sozialabgaben für eine Reiseverkehrsfrau 20,225 % der monatlichen Ausbildungsvergütung:

Krankenversicherung	43,21 €
Pflegeversicherung	5,33 €
Rentenversicherung	
Arbeitslosenversicherung	7,66 €

Wie hoch war der Beitrag zur Rentenversicherung?

Stellen Sie die Sozialabgaben in einem Kreisdiagramm dar. 3

b) Frau Becker hatte im vergangenen Jahr zwei Mietwagenrechnungen, die jeweils denselben Grundpreis und denselben Kilometerpreis hatten.
Für eine Fahrleistung von 452 km bezahlte sie 350,20 €, für 631 km musste sie 457,60 € bezahlen.

Wie hoch war der Grundpreis, wie hoch der Kilometerpreis?

Das Diagramm zeigt drei andere Tarife für einen Mietwagen.

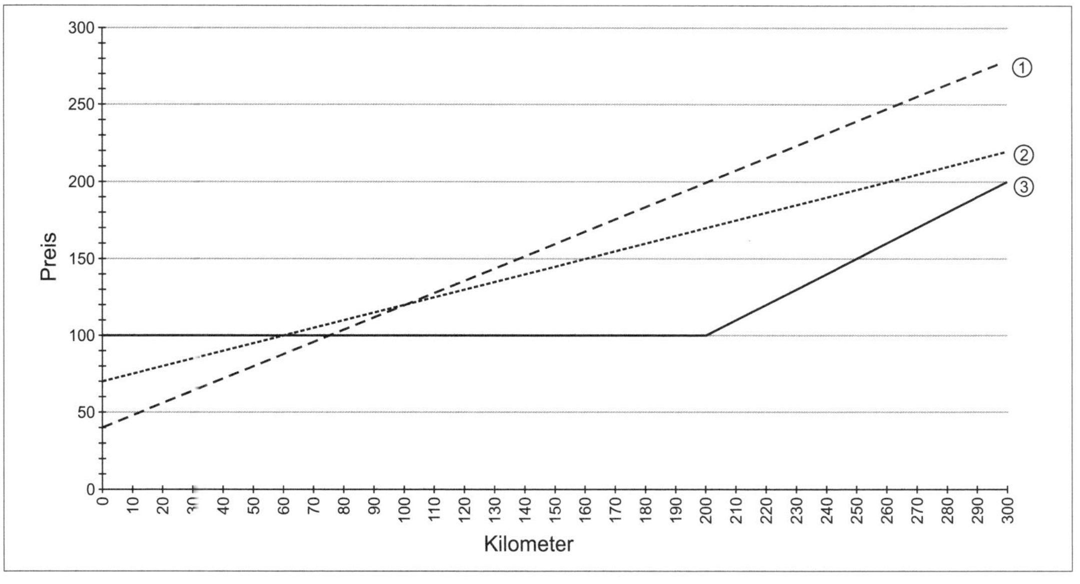

Lesen Sie die drei Angebote aus dem Diagramm heraus. Geben Sie jeweils den Grund- und den Kilometerpreis an. 3

c) Während der WM 2010 wurde Krake Paul wegen seiner „hellseherischen Fähigkeiten“ berühmt. Er tippte immer auf den richtigen Sieger der deutschen Partien. Die Chancen für einen richtigen Tipp lagen dabei jedes Mal bei 50:50.

Mit welcher Wahrscheinlichkeit konnte Krake Paul den Sieger aller drei Vorrundenspiele Deutschlands richtig vorhersagen?

Nach Abschluss aller Spiele der deutschen Mannschaft behauptete der Leiter des Gießener Mathematikums Beutelsbacher: „Die Chance, siebenmal hintereinander richtig zu liegen, beträgt weniger als 1 Prozent.“
Überprüfen Sie die Aussage rechnerisch.

In der EM Qualifikation 2012 spielt Deutschland in Gruppe A mit 5 weiteren Mannschaften. Dabei spielt jede Mannschaft mit einem Hin- und Rückspiel gegeneinander.
Wie viele Spiele werden in dieser Gruppe ausgetragen? 3

Aufgabe 4

a) Bewerber und Berufsausbildungsstellen in Baden-Württemberg in den Jahren 2007 bis 2009

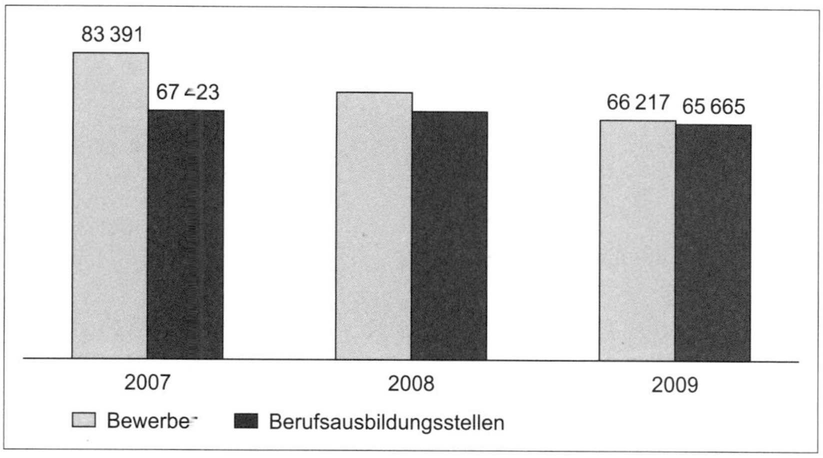

(Quelle: Statistik Bundesagentur für Arbeit)

Um wie viel Prozent ist die Zahl der Bewerber von 2007 auf 2009 gefallen?

Im Jahr 2008 waren es 14,2 % weniger Bewerber als 2007 und 2,7 % mehr gemeldete Berufsausbildungsstellen als 2009.
Berechnen Sie die Angaben für 2008. Runden Sie auf ganze Zahlen.

Für wie viel Prozent der Bewerber stand 2007 eine Ausbildungsstelle zur Verfügung?
Wie entwickelte sich diese Situation in den beiden Folgejahren? 3

b) Die Flugbahn eines Wurfballs verläuft parabelförmig.

Moritz wirft seinen Ball in einer Höhe von 2 m über dem Boden ab. Nach 22 m erreicht er mit einer Höhe von 12 m über der Erde seine höchste Stelle.

Ermitteln Sie zeichnerisch die Weite des Wurfs.

Die Flugbahn des Balls wird annähernd durch folgende Funktionsgleichung beschrieben:

$y = -0{,}0207 \cdot (x - \square)^2 + \square$

Vervollständigen Sie die Funktionsgleichung und berechnen Sie die Höhe des Balls bei 30 Metern. 3

c) Ein Firmenlogo hat die Form eines gleichseitigen Dreiecks im Kreis.

Berechnen Sie die graue Gesamtfläche für s = 5 m.

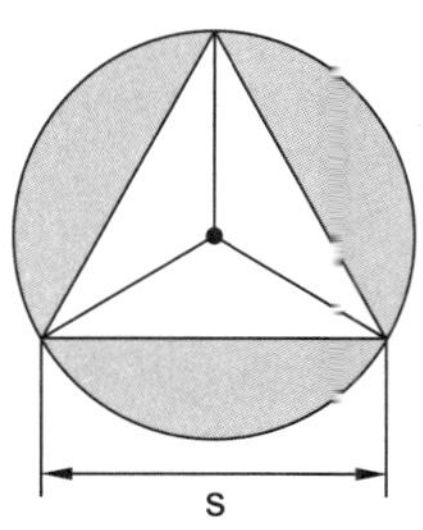

(Skizze nicht maßstabsgetreu)

Um welchen Faktor verändert sich die graue Fläche, wenn sich die Seitenlänge s des Dreiecks verdoppelt?

☐ die Fläche verdoppelt sich

☐ die Fläche vervierfacht sich

☐ die Fläche verneunfacht sich

Belegen Sie Ihr Ergebnis zeichnerisch oder rechnerisch. 3

Lösungen

Grundkenntnisse

Hinweise und Tipps

1. **Stuttgart** passt zu beiden Schaubildern.

Durchschnittliche Jahrestemperatur:
$(1+3+5+10+13+16+19+18+16+11+6+2)\,°C : 12 = 10\,°C$

Jährliche Niederschlagsmenge:
$40\text{ mm}+35\text{ mm}+45\text{ mm}+60\text{ mm}+70\text{ mm}+80\text{ mm}+80\text{ mm}+70\text{ mm}$
$+65\text{ mm}+60\text{ mm}+45\text{ mm}+50\text{ mm}=700\text{ mm}$

Hinweis: Da nur Stuttgart eine durchschnittliche Jahrestemperatur von 10 °C und eine jährliche Niederschlagsmenge von 700 mm hat, würde auch eine Rechnung genügen.

---

2. ☐ $P_1(3\,|\,4{,}5)$ ☐ $P_2(3\,|\,2)$ ☒ $P_3(2\,|\,3)$

Hinweis: Setzt man $x = 2$ in die Gleichung ein, ergibt sich: $y = \frac{1}{2}\cdot 2^2 + 1 = 3$

---

3. Für den Kegel gilt:

$V = \frac{1}{3}\cdot\pi\cdot r^2\cdot h \quad\Rightarrow\quad r = \sqrt{\frac{3\cdot V}{\pi\cdot h}}$

Es ist $V = 2\text{ dm}^3 = 2\,000\text{ cm}^3$.

$r = \sqrt{\frac{3\cdot 2\,000}{\pi\cdot 12}}\text{ cm} \approx 12{,}6\text{ cm}$

Für den Neigungswinkel gilt:

$\tan\alpha = \frac{h}{r} = \frac{12\text{ cm}}{12{,}6\text{ cm}} \quad\Rightarrow\quad \boldsymbol{\alpha \approx 43{,}6°}$

Hinweis: Um den Neigungswinkel zu berechnen, benötigt man den Radius des Kegels, den man über das gegebene Volumen bestimmen kann.

$\tan\alpha = \frac{\text{Gegenkathete}}{\text{Ankathete}}$

---

4. Es gilt:

(1) $x^2 + y^2 = 238{,}5$
(2) $x + y = 21$

Aus (2) folgt: $x = 21 - y$ (2')

(2') in (1) eingesetzt:

$(21-y)^2 + y^2 = 238{,}5$
$441 - 42y + y^2 + y^2 = 238{,}5 \quad |-238{,}5$
$2y^2 - 42y + 202{,}5 = 0 \quad |:2$
$y^2 - 21y + 101{,}25 = 0$

Es ist:

$y_{1/2} = 10{,}5 \pm \sqrt{110{,}25 - 101{,}25} = 10{,}5 \pm 3$

Also:

$y_1 = 13{,}5\text{ cm}$
$y_2 = 7{,}5\text{ cm}$

Damit ist:

$x_1 = 21\text{ cm} - 13{,}5\text{ cm} = 7{,}5\text{ cm}$
$x_2 = 21\text{ cm} - 7{,}5\text{ cm} = 13{,}5\text{ cm}$

Die beiden Quadrate haben die Flächeninhalte

$\mathbf{A_1} = 7{,}5^2\text{ cm}^2 = \mathbf{56{,}25\ cm^2}$ und $\mathbf{A_2} = 13{,}5^2\text{ cm}^2 = \mathbf{182{,}25\ cm^2}$.

Hinweise: $A_{\text{Quadrat}} = a^2$

Das Gleichungssystem kann mithilfe des Einsetzungsverfahrens gelöst werden.

Um eine quadratische Gleichung zu lösen, muss sie in Normalform $y^2 + py + q = 0$ gegeben sein, dann gilt:

$y_{1/2} = -\frac{p}{2} \pm \sqrt{\left(\frac{p}{2}\right)^2 - q}$

Hier ist $p = 21$ und $q = 101{,}25$.

Ein Quadrat hat also eine Seitenlänge von 7,5 cm, das andere Quadrat hat eine Seitenlänge von 13,5 cm.

---

5. Es gilt:

(1) $W_0 \cdot q^{10} = 4\,658{,}91$

(2) $W_0 \cdot q^{8} = 4\,266{,}30$

Aus (1) folgt: $W_0 = \dfrac{4\,658{,}91}{q^{10}}$ (1')

Aus (2) folgt: $W_0 = \dfrac{4\,266{,}30}{q^{8}}$ (2')

(1') = (2')

$$\frac{4\,658{,}91}{q^{10}} = \frac{4\,266{,}30}{q^{8}}$$

$$\frac{q^{10}}{q^{8}} = \frac{4\,658{,}91}{4\,266{,}30}$$

$$q^2 \approx 1{,}092$$

$$q = \sqrt{1{,}092}$$

$$q \approx 1{,}045$$

Damit ist:

$$W_0 \cdot 1{,}045^{10} = 4\,658{,}91 \quad |:1{,}045^{10}$$

$$W_0 \approx 3\,000$$

Der angelegte Geldbetrag beläuft sich auf **3 000 €**.

Hinweise und Tipps

Bei Wachstumsprozessen gilt:
$W_0 \cdot q^n = W_n$

Dabei ist W_n der Wert nach n Jahren, W_0 der Anfangswert, q der Wachstumsfaktor und n die Anzahl der Jahre.

Das Gleichungssystem kann mit dem Gleichsetzungsverfahren gelöst werden.

Aus dem Gleichungssystem kann auch direkt ein Verhältnis gebildet werden:

$$\frac{\cancel{W_0} \cdot q^{10}}{\cancel{W_0} \cdot q^{8}} = \frac{4\,658{,}91}{4\,266{,}30}$$

$$\frac{q^{10}}{q^{8}} = q^{(10-8)} = q^2$$

---

6. Es gibt 5 Möglichkeiten, die Summe 6 zu erhalten.
Insgesamt gibt es beim zweimaligen Würfeln 36 mögliche Ergebnisse.

Wahrscheinlichkeit (Summe 6) $= \dfrac{5}{36} \approx$ **13,9 %**

Wenn zweimal hintereinander gewürfelt wird, kann die Summe 6 der Augenzahlen erreicht werden mit:
$1+5;\ 2+4;\ 3+3;\ 4+2;\ 5+1$

---

7. Fortsetzung der Reihe:
216, 343

$1 = 1 \cdot 1 \cdot 1 = 1^3$
$8 = 2 \cdot 2 \cdot 2 = 2^3$
$27 = 3 \cdot 3 \cdot 3 = 3^3$
$64 = 4 \cdot 4 \cdot 4 = 4^3$
$125 = 5 \cdot 5 \cdot 5 = 5^3$

Es ist $6^3 = 216$ und $7^3 = 343$.

8.
☐ $x^2 + 4x = 0$
☐ $x^2 + 4x + 4 = 0$
☒ $x^2 + 4x + 8 = 0$

Für die Diskrimante D gilt bei der letzten Gleichung:

$$D = \left(\frac{4}{2}\right)^2 - 8 = -4$$

D ist also kleiner 0, somit hat die Gleichung keine Lösung.

Es gibt keine Lösung der quadratischen Gleichung $x^2 + px + q = 0$, wenn gilt:

$$D = \left(\frac{p}{2}\right)^2 - q < 0$$

Wahlaufgaben

Aufgabe 1

a) Funktionsgleichung:

$\mathbf{W_n = 0{,}85\ € \cdot 1{,}05^n}$

	A	B	C	D
1	**Jahr**	**Preis**	**Faktor**	**neuer Preis**
2	1992	0,85 €	1,05	0,89 €
3	1993	0,89 €	1,05	0,94 €
4	1994	0,94 €	1,05	0,98 €
5	1995	0,98 €	1,05	1,03 €
6	1996	1,03 €	1,05	1,08 €
7	1997	1,08 €	1,05	1,14 €
8	1998	1,14 €	1,05	1,20 €
9	1999	1,20 €	1,05	1,26 €
10	2000	1,26 €	1,05	1,32 €
11	2001	1,32 €	1,05	1,38 €
12	2002	1,38 €	1,05	1,45 €
13	2003	1,45 €	1,05	1,53 €
14	2004	1,53 €	1,05	1,60 €
15	2005	1,60 €	1,05	1,68 €
16	2006	1,68 €	1,05	1,77 €
17	2007	1,77 €	1,05	1,86 €
18	2008	1,86 €	1,05	1,95 €
19	2009	1,95 €	1,05	2,05 €
20	2010	2,05 €	1,05	2,15 €
21	2011	2,15 €	1,05	2,26 €
22	**2012**	**2,26 €**		

Funktionsgraph:

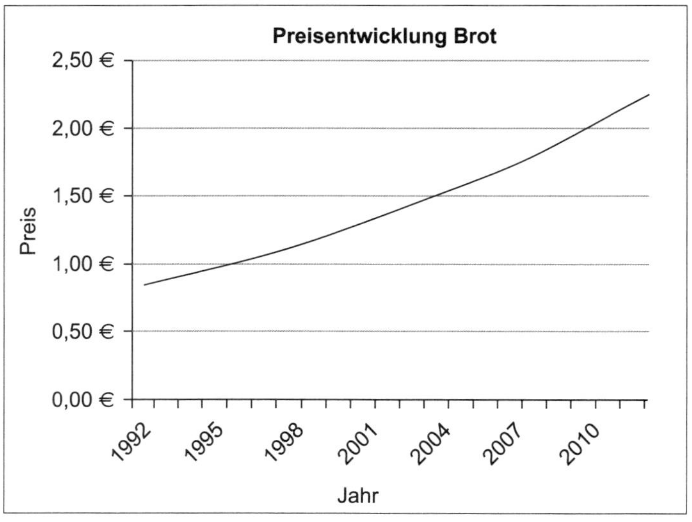

Im Jahr 2012 müsste man **2,26 €** bezahlen.

Hinweise und Tipps

Für exponentielles Wachstum gilt:

$W_n = W_0 \cdot q^n$

mit: $q = 1 + \frac{p}{100}$

Formelansicht:

	A	B	C	D
1	**Jahr**	**Preis**	**Faktor**	**neuer Preis**
2	1992	0,85	1,05	=B2*C2
3	1993	=D2	1,05	=B3*C3
4	1994	=D3	1,05	=B4*C4
5	1995	=D4	1,05	=B5*C5
6	1996	=D5	1,05	=B6*C6
7	1997	=D6	1,05	=B7*C7
8	1998	=D7	1,05	=B8*C8
9	1999	=D8	1,05	=B9*C9
10	2000	=D9	1,05	=B10*C10
11	2001	=D10	1,05	=B11*C11
12	2002	=D11	1,05	=B12*C12
13	2003	=D12	1,05	=B13*C13
14	2004	=D13	1,05	=B14*C14
15	2005	=D14	1,05	=B15*C15
16	2006	=D15	1,05	=B16*C16
17	2007	=D16	1,05	=B17*C17
18	2008	=D17	1,05	=B18*C18
19	2009	=D18	1,05	=B19*C19
20	2010	=D19	1,05	=B20*C20
21	2011	=D20	1,05	=B21*C21
22	**2012**	**=D21**		

	A	B	C	D
1	**Jahr**	**Preis**	**Faktor**	**neuer Preis**
2	1992	0,85 €	1,02	0,87 €
3	1993	0,87 €	1,02	0,88 €
4	1994	0,88 €	1,02	0,90 €
5	1995	0,90 €	1,02	0,92 €
6	1996	0,92 €	1,02	0,94 €
7	1997	0,94 €	1,02	0,96 €
8	1998	0,96 €	1,02	0,98 €
9	1999	0,98 €	1,02	1,00 €
10	2000	1,00 €	1,02	1,02 €
11	2001	1,02 €	1,02	1,04 €
12	2002	1,04 €	1,02	1,06 €
13	**2003**	**1,06 €**	1,02	1,08 €
14	2004	1,08 €	1,02	1,10 €
15	2005	1,10 €	1,02	1,12 €
16	2006	1,12 €	1,02	1,14 €
17	2007	1,14 €	1,02	1,17 €
18	2008	1,17 €	1,02	1,19 €
19	2009	1,19 €	1,02	1,21 €
20	2010	1,21 €	1,02	1,24 €
21	2011	1,24 €	1,02	1,26 €
22	2012	1,26 €		

Der jährliche Preisanstieg läge bei **2 %**.

Hinweise und Tipps

Das Ergebnis erhält man, indem man den Faktor so lange systematisch verkleinert, bis der Preis für das Brot im Jahr 2003 bei 1,06 € liegt.

b) Oberklasse:

Pro Tag müssen $21\,€ + 320 \cdot 0{,}52\,€ = 187{,}40\,€$ erwirtschaftet werden.

Dazu kommen 20 % Gewinn:

$187{,}40\,€ \cdot 1{,}2 \approx 225\,€$

Angebot:

Legt man einen **Grundpreis** von **49 €** zugrunde, bemisst sich der **Kilometerpreis** auf $(225\,€ - 49\,€) : 320 = \mathbf{0{,}55\,€}$.

Funktionsgleichung:

y = Preis, x = Anzahl der gefahrenen Kilometer

$\mathbf{y = 49 + 0{,}55 \cdot x}$

Gewinnentwicklung bei 500 km Fahrleistung pro Tag:

Erwirtschaftet werden müssen $21\,€ + 500 \cdot 0{,}52\,€ = 281\,€$.

Erwirtschaftet werden $49\,€ + 500 \cdot 0{,}55\,€ = 324\,€$.

Gewinn:

$324\,€ - 281\,€ = 43\,€$

$$p\,\% = \frac{43\,€ \cdot 100}{281\,€}\,\% \approx 15\,\%$$

Der **Gewinn** beträgt jetzt nur noch etwa **15 %**.

$100\,\% + 20\,\% = 120\,\% = 1{,}2$

Für den Kleinwagen gilt:

$(8\,€ + 180 \cdot 0{,}32\,€) \cdot 1{,}2 \approx 79\,€$

Je nachdem welcher Grundpreis festgelegt wird, erhält man unterschiedliche Kosten pro Kilometer.

Für den Kleinwagen gilt:

Grundpreis: 39 €

Kilometerpreis:

$(79\,€ - 39\,€) : 180 \approx 0{,}22\,€$

Funktionsgleichung:

$y = 39 + 0{,}22 \cdot x$

Gewinnentwicklung:

Erwirtschaftet werden müssen

$8\,€ + 500 \cdot 0{,}32\,€ = 168\,€$.

Erwirtschaftet werden

$39\,€ + 500 \cdot 0{,}22\,€ = 149\,€$.

Verlust:

$168\,€ - 149\,€ = 19\,€$

c) Im Dreieck ACD gilt:

$$\tan 52° = \frac{\overline{CD}}{\overline{AD}} \quad \Rightarrow \quad \overline{CD} = 5\text{ cm} \cdot \tan 52° \approx 6{,}4\text{ cm}$$

$\sphericalangle DCA = 180° - 90° - 52° = 38°$

$\sphericalangle BDC = 180° - 90° - \sphericalangle DCA = 180° - 90° - 38° = 52°$

Im Dreieck BCD gilt:

$$\tan \sphericalangle BDC = \frac{\overline{BC}}{\overline{CD}} \quad \Rightarrow \quad \overline{\mathbf{BC}} = 6{,}4\text{ cm} \cdot \tan 52° \approx \mathbf{8{,}2\text{ cm}}$$

$$\tan \alpha = \frac{\text{Gegenkathete}}{\text{Ankathete}}$$

Winkel lassen sich mit griechischen Buchstaben (α, β, γ, …) bezeichnen, es gibt aber auch eine andere Möglichkeit:

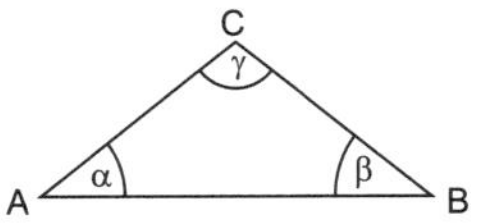

Es ist $\alpha = \sphericalangle BAC$, $\beta = \sphericalangle CBA$ sowie $\gamma = \sphericalangle ACB$.

Die Winkelsumme im Dreieck beträgt 180°.

$$A_{\text{Trapez}} = \frac{\overline{AD}+\overline{BC}}{2}\cdot\overline{CD} = \frac{5+8,2}{2}\cdot 6,4\text{ cm}^2 = \mathbf{42,24\text{ cm}^2}$$

S ist der Schnittpunkt der Strecke $\overline{AC}$ und $\overline{BD}$.
Im Dreieck ASD gilt:

$$\cos 52° = \frac{\overline{AS}}{\overline{AD}} \quad\Rightarrow\quad \overline{AS} = 5\text{ cm}\cdot\cos 52° \approx 3,1\text{ cm}$$

$$\sphericalangle ACB = 90° - \sphericalangle DCA = 90° - 38° = 52°$$

Im Dreieck BCS gilt:

$$\sin\sphericalangle ACB = \frac{\overline{BS}}{\overline{BC}} \quad\Rightarrow\quad \overline{BS} = 8,2\text{ cm}\cdot\sin 52° \approx 6,5\text{ cm}$$

$$\tan\alpha = \frac{\overline{BS}}{\overline{AS}} = \frac{6,5\text{ cm}}{3,1\text{ cm}} \quad\Rightarrow\quad \boldsymbol{\alpha \approx 64,5°}$$

Hinweise und Tipps

Bei dem Viereck ABCD handelt es sich um ein Trapez.

$\cos\alpha = \frac{\text{Ankathete}}{\text{Hypotenuse}}$

$\sin\alpha = \frac{\text{Gegenkathete}}{\text{Hypotenuse}}$

Es gibt auch andere Lösungsmöglichkeiten, die zum gleichen Ergebnis führen.

Aufgabe 2

a) **Schaubild a** passt zu **Körper 3**.

Die Füllhöhe steigt zuerst langsam, dann immer schneller.

Schaubild b passt zu **Körper 1**.

Die Füllhöhe steigt zuerst immer langsamer an, ab der Hälfte steigt sie immer schneller.

Schaubild c passt zu **Körper 2**.

Die Füllhöhe steigt direkt proportional zur Füllzeit.

Schaubild d ist nicht zugeordnet. Es zeigt, dass die Füllhöhe mit zunehmender Füllzeit immer langsamer zunimmt.
Ein passender Körper könnte ein Kegelstumpf sein, dessen Grundfläche kleiner ist als die Deckfläche.

Ein passendes Gefäß muss oben breiter als unten sein.

Skizze:

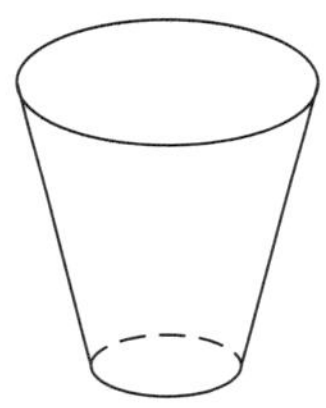

b) Volumen der Kugel (Körper 1):

$$V_{Ku} = \frac{4}{3}\cdot\pi\cdot 8^3\text{ cm}^3 \approx 2\,144,66\text{ cm}^3 = 2\,144,66\ m\ell$$

Füllzeit:
$(2\,144,66 : 100)\text{ s} \approx \mathbf{21,4\text{ s}}$

Volumen einer Kugel:
$V_{Ku} = \frac{4}{3}\cdot\pi\cdot r^3$

Pro Sekunde werden 100 $m\ell$ eingefüllt.

Volumen des Kegelstumpfes (Körper 3):

$$V_{KS} = \frac{1}{3}\cdot\pi\cdot 16\cdot(4,25^2 + 4,25\cdot 8,5 + 8,5^2)\text{ cm}^3 \approx 2\,118,48\text{ cm}^3$$
$$= 2\,118,48\ m\ell$$

Füllzeit:
$(2\,118,48 : 100)\text{ s} \approx \mathbf{21,2\text{ s}}$

Der **Kegelstumpf** ist **zuerst** befüllt.

Volumen des Kegelstumpfes:
$V_{KS} = \frac{1}{3}\cdot\pi\cdot h\cdot\left(\left[\frac{1}{2}r_3\right]^2 + \frac{1}{2}r_3\cdot r_3 + r_3^2\right)$

Die Höhe des Kegelstumpfes entspricht dem Durchmesser der Kugel.

c) Für die Oberfläche des Zylinders gilt:

$$O_{Zy} = 2 \cdot \pi \cdot (6,5)^2 \text{ cm}^2 + 2 \cdot \pi \cdot 6,5 \cdot 16 \text{ cm}^2 \approx 918,92 \text{ cm}^2$$

Soll die Kugel dieselbe Oberfläche haben, muss gelten:

$$O_{Ku} = 918,92 \text{ cm}^2$$

$$4 \cdot \pi \cdot r^2 = 918,92 \text{ cm}^2 \quad \Rightarrow \quad r = \sqrt{\frac{918,92}{4 \cdot \pi}} \text{ cm} \approx 8,55 \text{ cm}$$

Die **Kugel** müsste einen **Radius** von **8,55 cm** haben, damit sie dieselbe Oberfläche hat wie der Zylinder.

Hinweise und Tipps

Oberfläche eines Zylinders:

$O_{Zy} = 2 \cdot \pi \cdot r^2 + 2 \cdot \pi \cdot r \cdot h$

Die Höhe des Zylinders entspricht dem Durchmesser der Kugel.

Aufgabe 3

a) Mittelwert und Zentralwert:

	A	B	C
1	**Beruf**	**Ausbildungsvergütung**	
2	Vermessungstechnikerin	651,00 €	
3	Hotelfachfrau	517,00 €	
4	Mechatronikerin	774,00 €	
5	Verkäuferin	620,00 €	
6	Floristin	410,00 €	
7	Bankkauffrau	754,00 €	
8	Gärtnerin	498,00 €	
9	Med. Fachangestellte	530,00 €	
10	Bürokauffrau	705,00 €	
11	Dachdeckerin	450,00 €	
12	Erzieherin	710,00 €	
13	Verwaltungsfachangestellte	690,00 €	
14	Drogistin	620,00 €	
15	Köchin	516,00 €	
16	Forstwirtin	596,00 €	
17	Reiseverkehrskauffrau	547,00 €	
18			
19	**Mittelwert**	**599,25 €**	
20	**Zentralwert**	**608,00 €**	

Formelansicht:

	A	B
1	**Beruf**	**Ausbildungsvergütung**
2	Vermessungstechnikerin	651
3	Hotelfachfrau	517
4	Mechatronikerin	774
5	Verkäuferin	620
6	Floristin	410
7	Bankkauffrau	754
8	Gärtnerin	498
9	Med. Fachangestellte	530
10	Bürokauffrau	705
11	Dachdeckerin	450
12	Erzieherin	710
13	Verwaltungsfachangestellte	690
14	Drogistin	620
15	Köchin	516
16	Forstwirtin	596
17	Reiseverkehrskauffrau	547
18		
19	**Mittelwert**	**=MITTELWERT (B2:B17)**
20	**Zentralwert**	**=MEDIAN (B2:B17)**

Um den Zentralwert zu bestimmen, können die Daten auch zuerst der Größe nach sortiert werden. Dann wird der Mittelwert der beiden Werte in der Mitte berechnet.

Diagramm:

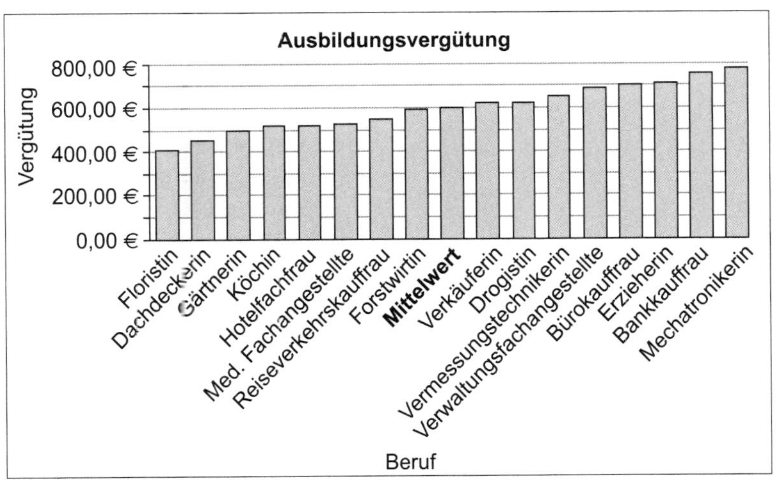

Um den Mittelwert automatisch im Diagramm eintragen zu lassen, muss dieser Wert auch in der Tabelle ergänzt werden. Das Diagramm wird am übersichtlichsten, wenn die Daten der Größe nach sortiert werden:

	A	B	C
1	**Beruf**	**Ausbildungsvergütung**	
2	Floristin	410,00 €	
3	Dachdeckerin	450,00 €	
4	Gärtnerin	498,00 €	
5	Köchin	516,00 €	
6	Hotelfachfrau	517,00 €	
7	Med. Fachangestellte	530,00 €	
8	Reiseverkehrskauffrau	547,00 €	
9	Forstwirtin	596,00 €	
10	**Mittelwert**	599,25 €	
11	Verkäuferin	620,00 €	
12	Drogistin	620,00 €	
13	Vermessungstechnikerin	651,00 €	
14	Verwaltungsfachangestellte	690,00 €	
15	Bürokauffrau	705,00 €	
16	Erzieherin	710,00 €	
17	Bankkauffrau	754,00 €	
18	Mechatronikerin	774,00 €	

Rentenversicherung:

	A	B
1	20,225 % von 547 € =	110,63 €
2		
3	Krankenversicherung	43,21 €
4	Pflegeversicherung	5,33 €
5	**Rentenversicherung**	**54,43 €**
6	Arbeitslosenversicherung	7,66 €

Diagramm:

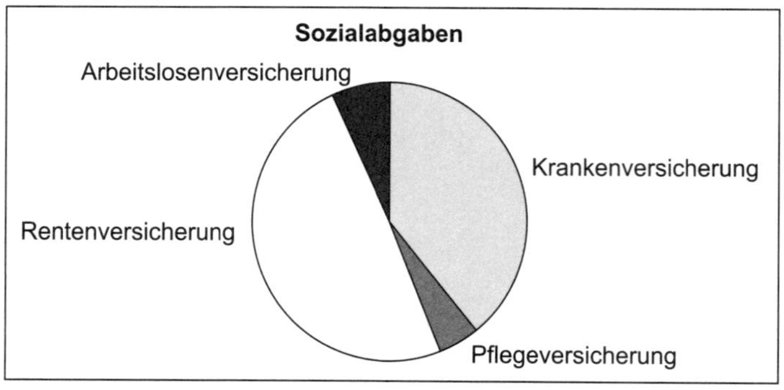

Hinweise und Tipps

Eine Reiseverkehrsfrau verdient 547 €.

Formelansicht:

	A	B
1	20,225 % von 547 € =	=547*20,225%
2		
3	Krankenversicherung	43,21
4	Pflegeversicherung	5,33
5	**Rentenversicherung**	**=B1-B3-B4-B6**
6	Arbeitslosenversicherung	7,66

b) x sei der Kilometerpreis, y der Grundpreis. Dann gilt:

(1) $452 \cdot x + y = 350,20$

(2) $631 \cdot x + y = 457,60$

Das lineare Gleichungssystem lässt sich mit dem Additionsverfahren lösen.

Aus (1) folgt:

$-452 \cdot x - y = -350,20 \quad (1')$

Gleichung (1) wird mit –1 multipliziert.

$(1') + (2)$:

$$\begin{array}{l} -452 \cdot x - y = -350,20 \\ \underline{\;\;631 \cdot x + y = \;\;457,60} \\ \qquad 179x = 107,4 \quad |:179 \\ \qquad\quad x = 0,6 \end{array}$$

Damit beträgt der **Kilometerpreis 0,60 €**.

Der **Grundpreis** beträgt $y = 350,20\text{ €} - 452 \cdot 0,60\text{ €} = \mathbf{79\text{ €}}$.

Angebot 1:
Grundpreis 40 €, Kilometerpreis 0,80 €

Der Graph beginnt bei 40 €. Pro 100 km müssen 80 € bezahlt werden.

Angebot 2:
Grundpreis 70 €, Kilometerpreis 0,50 €

Der Graph beginnt bei 70 €. Pro 100 km müssen 50 € bezahlt werden.

Angebot 3:
Grundpreis einschließlich 200 km 100 €,
ab Kilometer 201 pro gefahrenen Kilometer 1 €

Der Graph beginnt bei 100 € und verläuft bis 200 € parallel zu x-Achse.
Danach werden pro 100 km 100 € fällig.

c) Wahrscheinlichkeit (3 Spiele richtig) $= \frac{1}{2} \cdot \frac{1}{2} \cdot \frac{1}{2} = \frac{1}{8} = \mathbf{12,5\ \%}$.

Die Wahrscheinlichkeit, den Sieger eines Spieles mit 2 Teilnehmern richtig vorherzusagen, beträgt $\frac{1}{2}$.

Die Chance, 7 Spielergebnisse richtig vorherzusagen, beträgt $\left(\frac{1}{2}\right)^7 = 0,0078125 \approx 0,78\ \%$.

Herr Beutelsbacher **hat recht**.

Es werden **30 Spiele** ausgetragen.

Es sind 6 Mannschaften in Gruppe A. Jede Mannschaft bestreitet $2 \cdot 5$ Spiele = 10 Spiele. Somit wären es 60 Spielpaarungen. Aber: Wenn A gegen B spielt, heißt das auch, dass B gegen A spielt. Also sind es (60 : 2) Spiele = 30 Spiele.

Hinweise und Tipps

Aufgabe 4

a) Differenz der Bewerber von 2007 und 2009:
$83\,391 - 66\,217 = 17\,174$

Die Zahl der Bewerber fiel um

$$p\,\% = \frac{17\,174 \cdot 100}{83\,391}\,\% \approx \mathbf{20{,}6\,\%}.$$

$$p\,\% = \frac{P \cdot 100}{G}$$

Angaben für 2008:
$0{,}858 \cdot 83\,391$ Bewerber $\approx$ **71 549 Bewerber**

Wenn es 14,2 % weniger Bewerber als 2007 waren, betrug die Bewerberzahl $100\,\% - 14{,}2\,\% = 85{,}8\,\%$ gegenüber 2007.

$1{,}027 \cdot 65\,665$ Ausbildungsstellen $\approx$ **67 438 Ausbildungsstellen**

Im Jahr 2009 wurden 65 665 Ausbildungsstellen gemeldet. 2008 waren es $100\,\% + 2{,}7\,\% = 102{,}7\,\%$ dieser Anzahl.

Prozentualer Anteil Bewerber – Ausbildungsstellen:

2007: $p\,\% = \frac{67\,423 \cdot 100}{83\,391} \approx \mathbf{80{,}9\,\%}$

2008: $p\,\% = \frac{67\,438 \cdot 100}{71\,549} \approx \mathbf{94{,}3\,\%}$

2009: $p\,\% = \frac{65\,655 \cdot 100}{66\,217} \approx \mathbf{99{,}2\,\%}$

Die Anzahl der Bewerber ist jeweils der Prozentwert, die Anzahl der Ausbildungsstellen ist der Grundwert.

b) 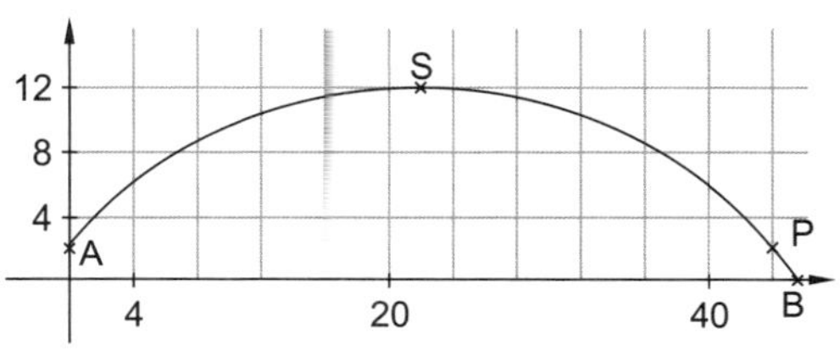

A: Abwurfpunkt und -höhe
S: Scheitelpunkt (höchste Stelle)
P: symmetrischer Punkt zu A
B: Bodenkontakt

Zeichnerisch ergibt sich eine **Wurfweite** von ca. **46 m**.
Die Funktionsgleichung lautet
$\mathbf{y = -0{,}0207 \cdot (x - 22)^2 + 12}$.

Setzt man den Scheitelpunkt S(22 | 12) des Funktionsgraphen in die Scheitelpunktform $y = -a(x - x_s)^2 + y_s$ ein, erhält man die Funktionsgleichung.

Höhe des Balls bei einer Wurfweite von 30 m:
$y = -0{,}0207 \cdot (30 - 22)^2 + 12 \approx 10{,}7$
Der Ball hat bei 30 m eine Höhe von etwa **10,7 m**.

Um die Höhe des Balls bei 30 m zu bestimmen, muss der y-Wert für $x = 30$ berechnet werden.

c) Es gilt:

$$\cos\delta = \frac{\frac{s}{2}}{r} \quad \Rightarrow \quad r = \frac{2{,}5\text{ m}}{\cos 30^\circ} \approx 2{,}89\text{ m}$$

Um den Flächeninhalt des Kreises zu berechnen, benötigt man den Radius des Kreises.

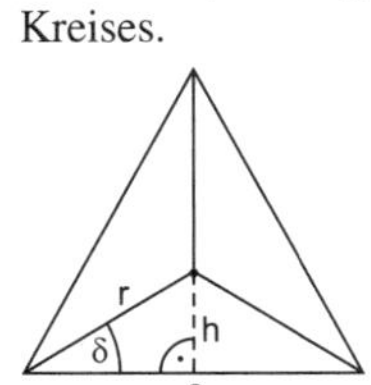

Im gleichseitigen Dreieck betragen die Winkel α, β und γ jeweils 60°, also $\delta = \frac{60^\circ}{2} = 30^\circ$.

Kreisfläche:
$A_{Kreis} = \pi \cdot r^2 = \pi \cdot 2{,}89^2\text{ m}^2 \approx 26{,}24\text{ m}^2$

Für die Höhe h gilt nach dem Satz des Pythagoras:

$$h = \sqrt{r^2 - \left(\frac{s}{2}\right)^2} = \sqrt{2{,}89^2 - 2{,}5^2}\text{ m} \approx 1{,}45\text{ m}$$

Somit hat jedes kleine Dreieck eine Fläche von

$$A_{Dreieck\ klein} = \frac{s \cdot h}{2} = \frac{5 \cdot 1{,}45}{2}\text{ m}^2 \approx 3{,}63\text{ m}^2.$$

Hinweise und Tipps

Fläche des großen Dreiecks:

$A_{Dreieck} = 3 \cdot 3{,}63 \text{ m}^2 = 10{,}89 \text{ m}^2$

Graue Gesamtfläche:

$A = 26{,}24 \text{ m}^2 - 10{,}89 \text{ m}^2 = \mathbf{15{,}35 \text{ m}^2}$

$A = A_{Kreis} - A_{Dreieck}$

- [ ] die Fläche verdoppelt sich
- [x] die Fläche vervierfacht sich
- [ ] die Fläche verneunfacht sich

Wenn man die Seitenlänge s der kleinen Dreiecke verdoppelt, gilt für den Radius des Kreises:

$$\cos 30° = \frac{5 \text{ m}}{r} \quad \Rightarrow \quad r = \frac{5 \text{ m}}{\cos 30°} = 5{,}77 \text{ m}$$

Das heißt, der Radius sowie die Höhe verdoppeln sich ebenfalls.
Doppelter Radius bedeutet immer vierfache Kreisfläche.
Auch das Dreieck vervierfacht seinen Flächeninhalt.
Also gilt für die graue Gesamtfläche:

$A = 4 \cdot 26{,}24 \text{ m}^2 - 4 \cdot 10{,}89 \text{ m}^2 = 61{,}4 \text{ m}^2 = \mathbf{4} \cdot 15{,}35 \text{ m}^2$

Abschlussprüfung der 10. Klasse an Werkrealschulen in Baden-Württemberg
Mathematik 2012

Grundkenntnisse

Punkte

1. Lösen Sie folgendes Gleichungssystem:
$y = 8x - 14$ (I)
$y + 10x = 22$ (II) 1

2. Eine Lostrommel enthält 2 rote, 3 gelbe und 1 schwarze Kugel. Es werden zwei Kugeln ohne Zurücklegen gezogen.
Bestimmen Sie die Wahrscheinlichkeit, dass zwei gelbe Kugeln gezogen werden. 1

3. Das Volumen der Erde beträgt ca. $1{,}083 \cdot 10^{12}$ km³, das der Sonne ca. $1{,}410 \cdot 10^{18}$ km³.
Wie viele Erdkugeln hätten zusammen das Volumen der Sonne?
Geben Sie das Ergebnis in Zehnerpotenzschreibweise an. 1

4. In ein Quadrat mit der Seitenlänge 8 cm wird ein Kreis eingezeichnet.
Wie viel Prozent der Quadratfläche nimmt die Kreisfläche ein?
Begründen Sie.

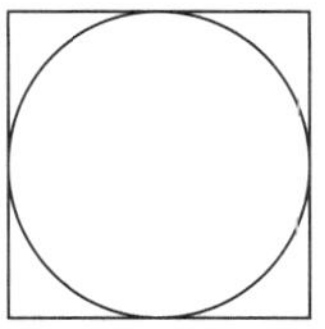

☐ 78,5 % ☐ 87,5 % ☐ 67,5 % 1

5. Petra steht 28 m von einem Baum entfernt. Sie sieht die Spitze des Baums unter einem Winkel von 50° (Augenhöhe 1,60 m).
Berechnen Sie die Höhe des Baums. 1

6. Sven bekommt bei seiner Bank für sein Guthaben 3,5 % Zinsen. Würde der Zinssatz nur 2 % betragen, bekäme er 12,90 € weniger Zinsen im Jahr. Wie hoch ist sein Guthaben? 1

7. In der Beringstraße (Meerenge zwischen Russland und Alaska) wurden folgende Temperaturen in Grad Celsius gemessen:

Jan	Feb	Mär	Apr	Mai	Jun	Jul	Aug	Sep	Okt	Nov	Dez
–18	–19	–17	–11	–2	5	9	8	5	–2	–9	–15

Geben Sie den Mittelwert, den Zentralwert, das Maximum und das Minimum an. 1

8. Ordnen Sie die Parabelgleichungen den Graphen zu.

a) $y = -\frac{1}{4}x^2$ b) $y = (x-4)^2$ c) $y = x^2 - 4$ d) $y = 4x^2$ 1

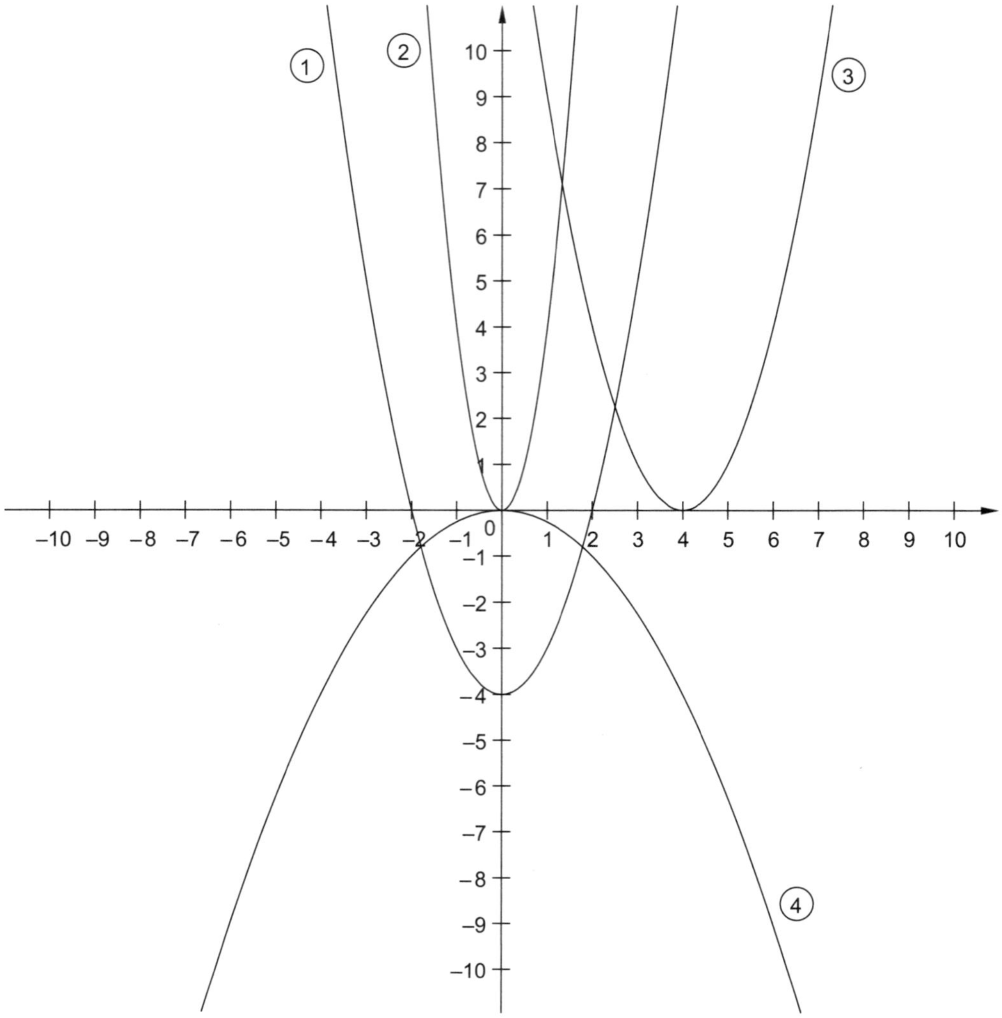

Wahlaufgaben

Punkte

Aufgabe 1

Herr Schneider möchte beim Autohaus Flott ein neues Auto kaufen. Die jährliche Fahrleistung soll ca. 15 000 km betragen.

Folgende drei Angebote vergleichbarer Modelle stehen zur Wahl:

	Modell A Benzinmotor	**Modell B** Dieselmotor	**Modell C** Erdgasmodell
Grundpreis	25 800 €	27 750 €	29 500 €
Verbrauch pro 100 km	6,4 ℓ	5,2 ℓ	4,9 kg
Treibstoffkosten*	1,40 €/Liter	1,20 €/Liter	0,94 €/kg
Reichweite mit einer Tankfüllung	844 km	1 038 km	327 km
Betriebskosten pro Jahr (Steuer, Versicherung, Inspektionen)	703 €	1 036 €	618 €
jährlicher Wertverlust	25 %		

* Berechnungsgrundlage

a) Welche Betriebs- und Treibstoffkosten fallen für alle drei Modelle für vier Jahre an?
Bestimmen Sie den jeweiligen Restwert der drei Modelle nach 4 Jahren. 3

b) Modell A soll mit einem Bankkredit finanziert werden. TK
Es gelten folgende Konditionen:
Laufzeit 48 Monate, Jahreszins 11 % bei einer Anzahlung von 5 000 €.
Bestimmen Sie mithilfe einer Tabellenkalkulation die monatliche Rate (Annuität) für den Kredit.
Wie viel Zinsen muss Herr Schneider insgesamt bezahlen? 3

c) Das Autohaus Flott erhält zu Werbezwecken ein Kunstobjekt in Form eines sechseckigen Prismas mit einer wetterfesten Nanoversiegelung.
Die Nanoversiegelung wurde 0,5 mm dick aufgetragen.
Wie viele Liter dieser Versiegelung wurden benötigt?

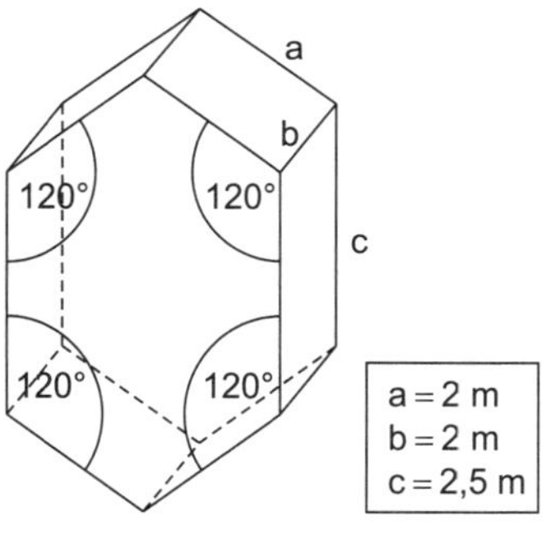

Skizze nicht maßstabsgetreu 3

Aufgabe 2

a) Zeichnen Sie die Parabel $y = 0{,}5x^2 + 3$ in ein geeignetes Koordinatensystem.

Die Parabel wird nacheinander …

- an der x-Achse gespiegelt,
- dann an der y-Achse gespiegelt,
- dann an der Geraden $x = -1$ gespiegelt,
- dann um 1 Einheit nach oben verschoben.

Geben Sie jeweils die neue Parabelgleichung an. 3

b) Es wird behauptet:
Die Gleichung $y = -0{,}25x^2$ beschreibt die Form des Tunnelbogens (Einfahrtsbereich).

Zeichnen Sie in das Bild ein Koordinatensystem mit Einheit 1 cm ein.

Überprüfen Sie die Behauptung zeichnerisch **und** rechnerisch.

3

c) Zwei Würfel haben folgende Netze.

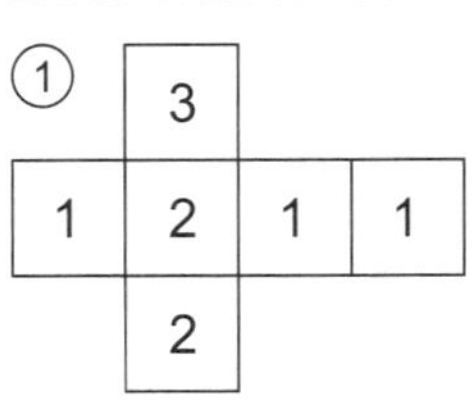

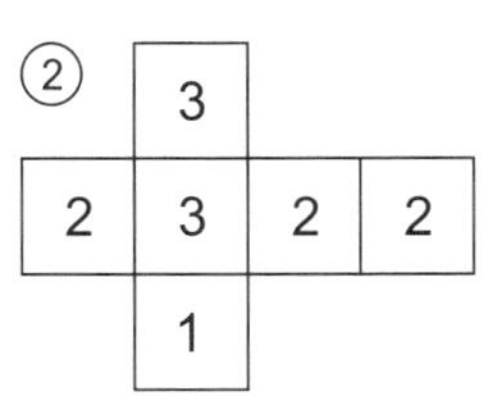

Die beiden Würfel werden gemeinsam einmal geworfen.
Wie groß ist dabei die Wahrscheinlichkeit, die Augenzahlen {1; 1} oder {2; 2} oder {3; 3} zu erhalten?

Florian behauptet: „Wenn ich den Würfel ① zweimal werfe, ist die Wahrscheinlichkeit, die Augensumme 3 zu erhalten, gleich groß, wie wenn ich Würfel ② zweimal werfe.“
Überprüfen Sie die Aussage. 3

Aufgabe 3

a) Im Schaubild ist die Gerade g dargestellt.
Bestimmen Sie die Funktionsgleichung der Geraden g.

Die Gerade g schneidet eine Parabel mit der Funktionsgleichung $y = -0{,}5x^2 + 8$.
Ermitteln Sie die Schnittpunkte der Geraden mit der Parabel rechnerisch und zeichnerisch.

Einer dieser Schnittpunkte bildet zusammen mit den beiden Nullstellen der Parabel die Eckpunkte eines Dreiecks.
Berechnen Sie die Fläche des Dreiecks.

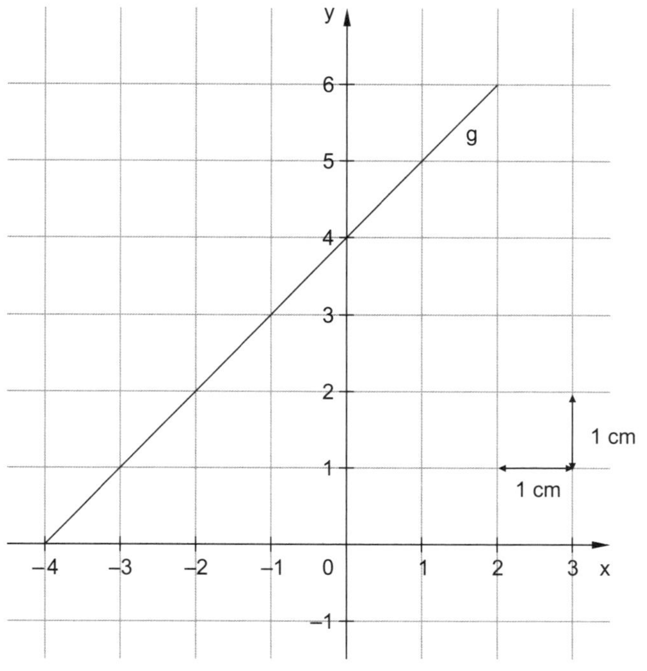

3

b) An einem Sportfest nehmen 150 Personen teil. Es werden Turniere in Volleyball und Basketball ausgetragen. Alle Teilnehmer spielen entweder in einer Volleyballmannschaft mit 6 Spielern oder in einer Basketballmannschaft mit 5 Spielern. Insgesamt werden 29 Mannschaften gebildet.

Wie viele Teilnehmer spielen Volleyball, wie viele Basketball?
Lösen Sie die Aufgabe mithilfe eines Gleichungssystems.

Wie viele Volleyballspiele müssen ausgetragen werden, wenn die Volleyballmannschaften jeweils gegeneinander spielen?

Wie lange würde ein Basketballturnier dauern, wenn jede Basketballmannschaft gegen jede spielen würde? Ein Spiel dauert 10 Minuten. 3

c) In einen Kreis mit dem Durchmesser d wurde ein Quadrat gezeichnet. Die graue Gesamtfläche beträgt 20 m².
Berechnen Sie den Radius des Kreises und die Seitenlänge des Quadrats.

Wie groß wäre der Radius, wenn die weiße Fläche 20 m² hätte?

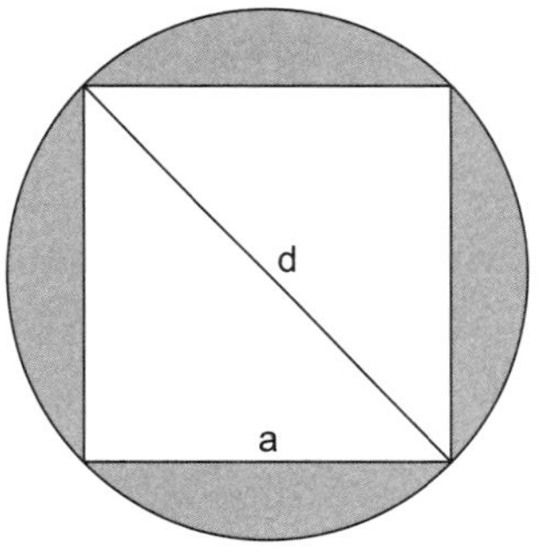

3

Aufgabe 4

Der schiefe Turm von Pisa neigte sich schon kurz nach seinem Baubeginn im Jahre 1173. Heute ist der 56 m hohe Turm um etwa 4 Grad zur Senkrechten geneigt.

a) Wählen Sie einen geeigneten Maßstab und ermitteln Sie zeichnerisch, wie weit der Punkt A über den Fußpunkt hinausragt.

Überprüfen Sie Ihr ermitteltes Ergebnis nun unter Verwendung einer Winkelfunktion.

Wie stark wäre der Turm geneigt, wenn Punkt A 2 m über den Fußpunkt hinausragen würde?

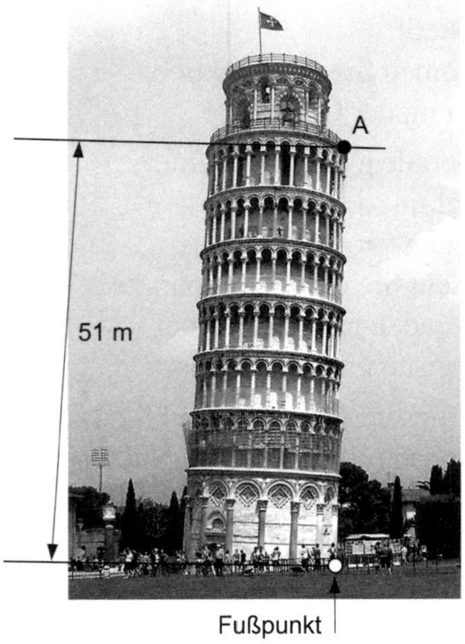

3

b) Der Überlieferung nach hat der aus Pisa stammende Galileo Galilei bei Versuchen auf dem Turm die Fallgesetze entdeckt. TK

Stellen Sie sich vor, ein Gegenstand würde von einer Höhe von 50 m fallen gelassen. Erstellen Sie eine Tabelle, die den zurückgelegten Weg und die jeweilige Geschwindigkeit (in km/h) des Gegenstands zu jeder viertel Sekunde aufzeigt.

Erstellen Sie zu der Tabelle ein aussagekräftiges Diagramm und lesen Sie ab, nach wie vielen Sekunden der Gegenstand unten ankommt.

Fallgesetze für den freien Fall:

$$s = \frac{1}{2} g \cdot t^2$$

$$v = g \cdot t$$

v = Geschwindigkeit in Meter pro Sekunde
t = Zeit in Sekunden
s = Weg in Metern
$g = 9{,}81 \frac{m}{s^2}$ (Beschleunigungskonstante)

3

c) Für den Turm wurden 14 500 t Carrara-Marmor (Dichte: 2,6 g/cm^3) benötigt.
Ein Mathematiklehrer behauptet: „Hätte man daraus eine Kugel gemacht, hätte diese einen Radius von maximal 10 m.“
Hat der Mathematiklehrer recht?

Welche Maße hat eine hohle quadratische Pyramide, die aus Bodenplatte und vier Seitenteilen besteht, näherungsweise, wenn sie aus diesem Marmor hergestellt wird und ihre Wandstärke 10 cm beträgt? 3

Lösungen

Grundkenntnisse

1. $y = 8x - 14$ (I)

$y + 10x = 22$ (II)

$y = 22 - 10x$ (II')

Es ist I = II':

$8x - 14 = 22 - 10x \quad | +14 + 10x$

$18x = 36 \quad | :18$

$\mathbf{x = 2}$

x = 2 in I:

$y = 8 \cdot 2 - 14$

$\mathbf{y = 2}$

Hinweise und Tipps

Zur Lösung kann beispielsweise das Gleichsetzungsverfahren genutzt werden. Dazu muss Gleichung II nach y aufgelöst werden.

Es ist auch möglich, das Einsetzungsverfahren zu nutzen:

I in II: $(8x - 14) + 10x = 22 \quad | +14$

$18x = 36 \quad | :18$

$x = 2$

---

2. Wahrscheinlichkeit (2 gelbe Kugeln) $= \frac{1}{2} \cdot \frac{2}{5} = \mathbf{\frac{1}{5} = 20\ \%}$

Zu Beginn sind 6 Kugeln in der Trommel.
1. Ziehung: Die Wahrscheinlichkeit, eine gelbe Kugel zu ziehen, beträgt $\frac{3}{6} = \frac{1}{2}$.
2. Ziehung: Jetzt sind noch 5 Kugeln in der Lostrommel, davon sind 2 gelb. Die Wahrscheinlichkeit, eine gelbe Kugel zu ziehen, beträgt also $\frac{2}{5}$.

---

3. $1{,}41 \cdot 10^{18} : (1{,}083 \cdot 10^{12}) = 1\,301\,939 \approx \mathbf{1{,}3 \cdot 10^6}$

$1{,}3 \cdot 10^6$ Erdkugeln hätten zusammen das Volumen der Sonne.

$10^{18} : 10^{12} = 10^{18-12} = 10^6$

---

4. ☒ 78,5 % ☐ 87,5 % ☐ 67,5 %

Begründung:

Fläche des Quadrats:

$A = 8^2\ cm^2 = 64\ cm^2$

Fläche des Kreises:

$A = \pi \cdot 4^2\ cm^2 \approx 50\ cm^2$

Es gilt:

$p\ \% = \frac{50 \cdot 100}{64}\ \% \approx 78\ \%$

Man kann auch komplett auf den angegebenen Wert verzichten:

Fläche Quadrat: $A = a^2$

Fläche Kreis: $A = \pi \cdot \left(\frac{a}{2}\right)^2 = \pi \cdot \frac{a^2}{4}$

Damit gilt:

$p = \frac{P \cdot 100}{G} = \frac{\pi \cdot \frac{a^2}{4} \cdot 100}{a^2} = \frac{\pi}{4} \cdot 100$

$p\ \% \approx 78{,}5\ \%$

---

5. Es gilt:

$\tan 50° = \frac{h}{28\ m} \quad \Rightarrow \quad h = 28\ m \cdot \tan 50° \approx 33{,}37\ m$

Höhe des Baums:

$1{,}6\ m + 33{,}37\ m = \mathbf{34{,}97\ m}$

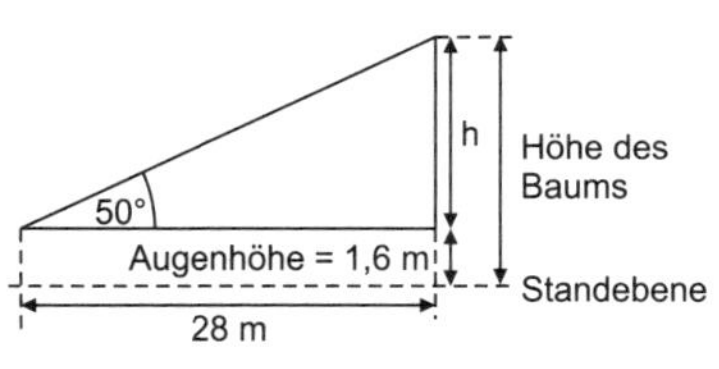

$\tan\alpha = \frac{\text{Gegenkathete}}{\text{Ankathete}}$

6. Das Guthaben betrage x €. Dann gilt:

$$x \cdot 0{,}035 = x \cdot 0{,}02 + 12{,}9$$
$$0{,}035x = 0{,}02x + 12{,}9 \quad |-0{,}02x$$
$$0{,}015x = 12{,}9 \quad |:0{,}015$$
$$\mathbf{x = 860}$$

Das Guthaben beträgt 860 €.

Hinweise und Tipps

Die Aufgabe kann mithilfe einer Gleichung gelöst werden.

3,5 % = 0,035

2 % = 0,02

oder:

3,5 % – 2 % = 1,5 %

$G = \frac{P \cdot 100}{p} = \frac{12{,}90 \cdot 100}{1{,}5}$ € = 860 €

---

7. $\overline{x} = \frac{-18-19-17-11-2+5+9+8+5-2-9-15}{12}\,°C = -\frac{66}{12}\,°C$

$\mathbf{\overline{x} = -5{,}5\,°C}$

Rangliste in °C:

–19 –18 –17 –15 –11 –9 –2 –2 5 5 8 9

$Z = \frac{-9-2}{2}\,°C = \mathbf{-5{,}5\,°C}$

Maximum = 9 °C
Minimum = –19 °C

Der Mittelwert berechnet sich aus der Summe aller Werte, dividiert durch deren Anzahl.

Für den Zentralwert muss eine Rangliste erstellt werden. Bei einer geraden Anzahl von Werten ist der Zentralwert der Mittelwert der beiden Werte in der Mitte.

Das Maximum ist der größte, das Minimum der kleinste Wert.

---

8. **Gleichung a** gehört zu ④.

$-\frac{1}{4}x^2$ bedeutet, dass die Parabel nach unten geöffnet und gestaucht ist.

Gleichung b gehört zu ③.

Der Wert –4 in $(x-4)^2$ gibt an, dass die Parabel um 4 Einheiten nach rechts verschoben ist.

Gleichung c gehört zu ①.

$x^2 - 4$ bedeutet, dass die Parabel um 4 Einheiten nach unten verschoben ist.

Gleichung d gehört zu ②.

$4x^2$ bedeutet, dass die Parabel gestreckt ist.

Wahlaufgaben

Aufgabe 1

a) **Betriebs- und Treibstoffkosten:**
Modell A:
Betriebskosten für 4 Jahre:
703 € · 4 = **2 812 €**
Treibstoffkosten für 4 Jahre:
4 · 15 000 : 100 · 6,4 · 1,40 € = **5 376 €**

Modell B:
Betriebskosten für 4 Jahre:
1 036 € · 4 = **4 144 €**
Treibstoffkosten für 4 Jahre:
4 · 15 000 : 100 · 5,2 · 1,20 € = **3 744 €**

Modell C:
Betriebskosten für 4 Jahre:
618 € · 4 = **2 472 €**
Treibstoffkosten für 4 Jahre:
4 · 15 000 : 100 · 4,9 · 0,94 € = **2 763,60 €**

Der Verbrauch ist jeweils für 100 km angegeben. Es werden 15 000 km pro Jahr gefahren.

Restwert nach 4 Jahren:
Modell A:
25 800 € · $0{,}75^4 \approx$ **8 163 €**

Modell B:
27 750 € · $0{,}75^4 \approx$ **8 780 €**

Modell C:
29 500 € · $0{,}75^4 \approx$ **9 334 €**

Es handelt sich um negatives Wachstum:
$W_0 \cdot q^n = W_n$
W_n = Restwert
W_0 = Startwert
n = Zeit (4 Jahre)
q = 1 – 0,25 = 0,75

b)

	A	B	C	D	E	F
1	Preis	25.800,00 €	Jahreszins	11%		
2	Anzahlung	5.000,00 €				
3						
4	**Monat**	**Schuld**	**Zinsen**	**Rate**	**Tilgung**	**Restschuld**
5	1	20.800,00 €	190,67 €	537,59 €	346,92 €	20.453,08 €
6	2	20.453,08 €	187,49 €	537,59 €	350,10 €	20.102,97 €
7	3	20.102,97 €	184,28 €	537,59 €	353,31 €	19.749,66 €
8	4	19.749,66 €	181,04 €	537,59 €	356,55 €	19.393,11 €
9	5	19.393,11 €	177,77 €	537,59 €	359,82 €	19.033,29 €
10	6	19.033,29 €	174,47 €	537,59 €	363,12 €	18.670,17 €
11	7	18.670,17 €	171,14 €	537,59 €	366,45 €	18.303,72 €
12	8	18.303,72 €	167,78 €	537,59 €	369,81 €	17.933,92 €
13	9	17.933,92 €	164,39 €	537,59 €	373,20 €	17.560,72 €
14	10	17.560,72 €	160,97 €	537,59 €	376,62 €	17.184,11 €
...	...	...	...	...	...	...
42	38	5.600,59 €	51,34 €	537,59 €	486,25 €	5.114,34 €
43	39	5.114,34 €	46,88 €	537,59 €	490,71 €	4.623,63 €
44	40	4.623,63 €	42,38 €	537,59 €	495,21 €	4.128,43 €
45	41	4.128,43 €	37,84 €	537,59 €	499,75 €	3.628,68 €
46	42	3.628,68 €	33,26 €	537,59 €	504,33 €	3.124,35 €
47	43	3.124,35 €	28,64 €	537,59 €	508,95 €	2.615,40 €
48	44	2.615,40 €	23,97 €	537,59 €	513,62 €	2.101,79 €
49	45	2.101,79 €	19,27 €	537,59 €	518,32 €	1.583,47 €
50	46	1.583,47 €	14,52 €	537,59 €	523,07 €	1.060,39 €
51	47	1.060,39 €	9,72 €	537,59 €	527,87 €	532,52 €
52	48	532,52 €	4,88 €	537,59 €	532,71 €	-0,19 €
53						
54	**Summe der Zinsen**		**5.004,13 €**			

Die Höhe der Rate muss so lange variiert werden, bis die Restschuld nach 48 Monaten 0 € beträgt.
Hier sind Teile der Tabelle für eine bessere Lesbarkeit ausgeblendet.

Formelansicht:

	A	B	C	D	E	F
1	Preis	25800	Jahreszins	0,11		
2	Anzahlung	5000				
3						
4	**Monat**	**Schuld**	**Zinsen**	**Rate**	**Tilgung**	**Restschuld**
5	1	=B1-B2	=B5*11%/12	537,59	=D5-C5	=B5-E5
6	2	=F5	=B6*11%/12	537,59	=D6-C6	=B6-E6
7	3	=F6	=B7*11%/12	537,59	=D7-C7	=B7-E7
8	4	=F7	=B8*11%/12	537,59	=D8-C8	=B8-E8
9	5	=F8	=B9*11%/12	537,59	=D9-C9	=B9-E9
10	6	=F9	=B10*11%/12	537,59	=D10-C10	=B10-E10
11	7	=F10	=B11*11%/12	537,59	=D11-C11	=B11-E11
12	8	=F11	=B12*11%/12	537,59	=D12-C12	=B12-E12
13	9	=F12	=B13*11%/12	537,59	=D13-C13	=B13-E13
14	10	=F13	=B14*11%/12	537,59	=D14-C14	=B14-E14
...	...	...	...	...	...	...
42	38	=F41	=B42*11%/12	537,59	=D42-C42	=B42-E42
43	39	=F42	=B43*11%/12	537,59	=D43-C43	=B43-E43
44	40	=F43	=B44*11%/12	537,59	=D44-C44	=B44-E44
45	41	=F44	=B45*11%/12	537,59	=D45-C45	=B45-E45
46	42	=F45	=B46*11%/12	537,59	=D46-C46	=B46-E46
47	43	=F46	=B47*11%/12	537,59	=D47-C47	=B47-E47
48	44	=F47	=B48*11%/12	537,59	=D48-C48	=B48-E48
49	45	=F48	=B49*11%/12	537,59	=D49-C49	=B49-E49
50	46	=F49	=B50*11%/12	537,59	=D50-C50	=B50-E50
51	47	=F50	=B51*11%/12	537,59	=D51-C51	=B51-E51
52	48	=F51	=B52*11%/12	537,59	=D52-C52	=B52-E52
53						
54	**Summe der Zinsen**		**=SUMME(C5:C53)**			
55						

Herr Schneider muss insgesamt **5 004,13 €** Zinsen bezahlen.

Hinweise und Tipps

Für die Monatszinsen gilt:
Monatszinsen = Restschuld · 11 % : 12

Die monatliche Rate setzt sich aus den Monatszinsen und der Tilgung zusammen. Sie ist immer gleich hoch. Da die Schulden durch die Abzahlung kleiner werden, sinken die Monatszinsen, dafür erhöht sich die Tilgung.

c) Es ist:

$$\cos 30° = \frac{\frac{d}{2}}{2\text{ m}} = \frac{d}{4\text{ m}} \quad \Rightarrow \quad d = 4\text{ m} \cdot \cos 30° \approx 3{,}46\text{ m}$$

Zudem gilt:

$$\sin 30° = \frac{h}{2\text{ m}} \quad \Rightarrow \quad h = 2\text{ m} \cdot \sin 30° = 1\text{ m}$$

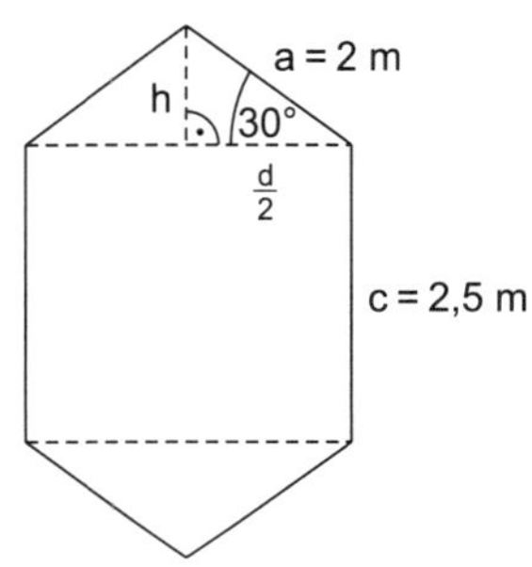

$$\cos\alpha = \frac{\text{Ankathete}}{\text{Hypotenuse}}$$

$$\sin\alpha = \frac{\text{Gegenkathete}}{\text{Hypotenuse}}$$

Rechteckfläche:

$$A_{\text{Rechteck}} = 2{,}5 \cdot 3{,}46\text{ m}^2 = 8{,}65\text{ m}^2$$

$$A_{\text{Rechteck}} = c \cdot d$$

Fläche der beiden Dreiecke:

$$A_{\text{Dreiecke}} = 3{,}46 \cdot 1\text{ m}^2 = 3{,}46\text{ m}^2$$

$$A_{\text{Dreiecke}} = 2 \cdot \frac{d \cdot h}{2} = d \cdot h$$

Sechseckfläche:

$$A_{\text{Sechseck}} = 8{,}65\text{ m}^2 + 3{,}46\text{ m}^2 = 12{,}11\text{ m}^2$$

$$A_{\text{Sechseck}} = A_{\text{Dreiecke}} + A_{\text{Rechteck}}$$

Seitenflächen:

$$A_{\text{Seiten}} = 4 \cdot 2 \cdot 2\text{ m}^2 + 2 \cdot 2 \cdot 2{,}5\text{ m}^2 = 26\text{ m}^2$$

$$A_{\text{Seiten}} = 4 \cdot a \cdot b + 2 \cdot b \cdot c$$

Gesamtfläche:

$$A_{\text{gesamt}} = 2 \cdot 12{,}11\text{ m}^2 + 26\text{ m}^2 = 50{,}22\text{ m}^2$$

$$A_{\text{gesamt}} = 2 \cdot A_{\text{Sechseck}} + A_{\text{Seiten}}$$

Volumen der Nanoversiegelung:

$$\mathbf{V} = 50{,}22\text{ m}^2 \cdot 0{,}5\text{ mm} = 5\,022\text{ dm}^2 \cdot 0{,}005\text{ dm} = 25{,}11\text{ dm}^3 = \mathbf{25{,}11\ \ell}$$

Aufgabe 2

a)

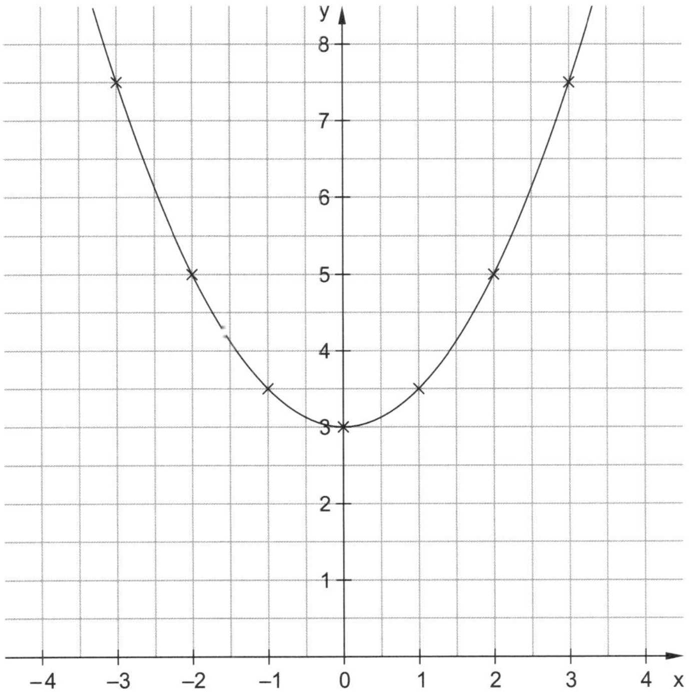

Spiegelung an der x-Achse:
$\mathbf{y = -0{,}5x - 3}$

Spiegelung an der y-Achse:
$\mathbf{y = -0{,}5x - 3}$

Spiegelung an der Geraden $x = -1$:
$\mathbf{y = -0{,}5(x + 2)^2 - 3}$

Verschiebung um 1 Einheit nach oben:
$\mathbf{y = -0{,}5(x + 2)^2 - 2}$

b)

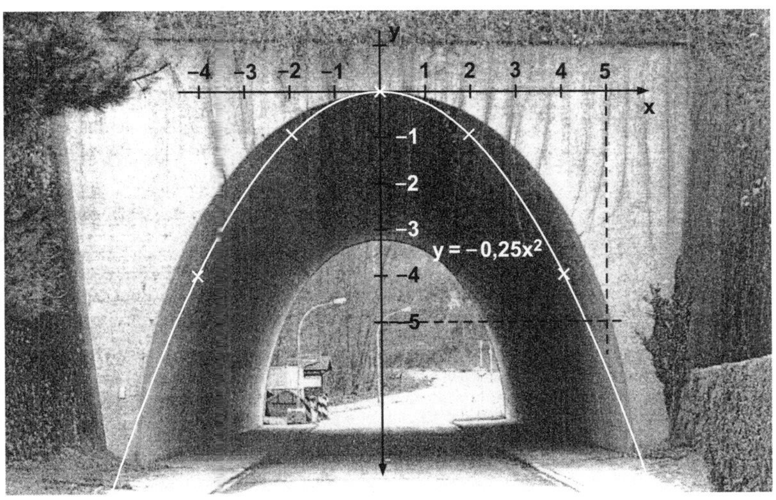

Der Punkt $P(5\,|\,-5)$ liegt auf dem Tunnelbogen, aber nicht auf $y = -0{,}25x^2$, denn:

$-5 \neq -0{,}25 \cdot 5^2$

$-5 \neq -6{,}25$

Die Behauptung stimmt **nicht**.

Hinweise und Tipps

Wertetabelle für $y = 0{,}5x^2 + 3$

x	–3	–2	–1	0	1	2	3
y	7,5	5	3,5	3	3,5	5	7,5

Der Scheitelpunkt ist bei $S(0\,|\,-3)$.
Die Parabel ist nach unten geöffnet.

Es ändert sich nichts.

Der Scheitelpunkt ist bei $S(-2\,|\,-3)$.
Die Parabel ist nach unten geöffnet.

Der Scheitelpunkt ist bei $S(-2\,|\,-2)$.

Für die zeichnerische Begründung muss zum Vergleich der Graph von $y = -0{,}25x^2$ eingezeichnet werden.

Wertetabelle für $y = -0{,}25x^2$:

x	–4	–2	0	2	4
y	–4	–1	0	–1	–4

Um die Behauptung rechnerisch zu widerlegen, kann ein Punkt, der auf dem Tunnelbogen liegt, in $y = -0{,}25x^2$ eingesetzt werden.

c) Wahrscheinlichkeit $(\{1;\,1\}) = \frac{3}{6} \cdot \frac{1}{6} = \frac{3}{36} = \mathbf{\frac{1}{12}}$

Wahrscheinlichkeit $(\{2;\,2\}) = \frac{2}{6} \cdot \frac{3}{6} = \frac{6}{36} = \mathbf{\frac{1}{6}}$

Wahrscheinlichkeit $(\{3;\,3\}) = \frac{1}{6} \cdot \frac{2}{6} = \frac{2}{36} = \mathbf{\frac{1}{18}}$

Wahrscheinlichkeit $(\{1;\,1\}$ oder $\{2;\,2\}$ oder $\{3;\,3\}) = \frac{3}{36} + \frac{6}{36} + \frac{2}{36} = \mathbf{\frac{11}{36}}$

Wahrscheinlichkeit Augensumme 3 bei Würfel 1:

Wahrscheinlichkeit $(\{1;\,2\}) = \frac{3}{6} \cdot \frac{2}{6} = \frac{6}{36} = \frac{1}{6}$

Wahrscheinlichkeit $(\{2;\,1\}) = \frac{2}{6} \cdot \frac{3}{6} = \frac{6}{36} = \frac{1}{6}$

Die Gesamtwahrscheinlichkeit beträgt $\frac{1}{6} + \frac{1}{6} = \frac{2}{6} = \frac{1}{3}$.

Wahrscheinlichkeit Augensumme 3 bei Würfel 2:

Wahrscheinlichkeit $(\{1;\,2\}) = \frac{1}{6} \cdot \frac{3}{6} = \frac{3}{36} = \frac{1}{12}$

Wahrscheinlichkeit $(\{2;\,1\}) = \frac{3}{6} \cdot \frac{1}{6} = \frac{3}{36} = \frac{1}{12}$

Die Gesamtwahrscheinlichkeit beträgt $\frac{1}{12} + \frac{1}{12} = \frac{2}{12} = \frac{1}{6}$.

Das heißt, Florians Aussage ist **falsch**.

Hinweise und Tipps

Die Wahrscheinlichkeit, mit dem ersten Würfel eine 1 zu würfeln, beträgt $\frac{3}{6}$, beim zweiten Würfel beträgt sie $\frac{1}{6}$.

Die Wahrscheinlichkeit, mit dem ersten Würfel eine 2 zu würfeln, beträgt $\frac{2}{6}$, beim zweiten Würfel beträgt sie $\frac{3}{6}$.

Die Wahrscheinlichkeit, mit dem ersten Würfel eine 3 zu würfeln, beträgt $\frac{1}{6}$, beim zweiten Würfel beträgt sie $\frac{2}{6}$.

Aus der Aufgabe geht nicht eindeutig hervor, ob diese Lösung gefordert ist.

Um mit Würfel 1 die Augensumme 3 zu erhalten, muss man zuerst die 1 und dann die 2 werfen oder umgekehrt.

Um mit Würfel 2 die Augensumme 3 zu erhalten, muss man ebenfalls zuerst die 1 und dann die 2 werfen oder umgekehrt.

$\frac{1}{3} \neq \frac{1}{6}$

Aufgabe 3

a) Die Steigung der Geraden ist $m = 1$.
Der y-Achsenabschnitt ist $b = 4$.

Es gilt: $y = mx + b \;\Rightarrow\; \mathbf{y = x + 4}$

Schnittpunkte von $y = x + 4$ mit $y = -0{,}5x^2 + 8$:

$$x + 4 = -0{,}5x^2 + 8 \quad | + 0{,}5x^2 - 8$$
$$0{,}5x^2 + x - 4 = 0 \quad |:0{,}5$$
$$x^2 + 2x - 8 = 0$$
$$x_{1/2} = -1 \pm \sqrt{1+8} = -1 \pm 3$$

Also:

$x_1 = 2$

$x_2 = -4$

Daraus folgt:

$y_1 = 2 + 4 = 6$

$y_2 = -4 + 4 = 0$

Geht man eine Längeneinheit entlang der Geraden nach rechts, geht man auch eine Längeneinheit nach oben. Die Gerade schneidet die y-Achse bei 4.

Um die Schnittpunkte zu berechnen, setzt man die beiden Funktionsgleichungen gleich und wandelt in Normalform um.

$x_{1/2} = -\frac{p}{2} \pm \sqrt{\left(\frac{p}{2}\right)^2 - q}$

Hier ist $p = 2$ und $q = -8$.

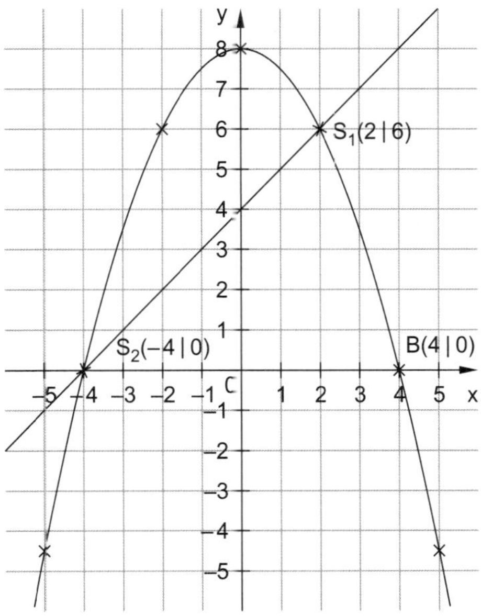

Schnittpunkte der Geraden mit der Parabel:
$\mathbf{S_1(2\,|\,6)}$
$\mathbf{S_2(-4\,|\,0)}$

Die Eckpunkte des Dreiecks sind $S_2(-4\,|\,0)$, $B(4\,|\,0)$ und $S_1(2\,|\,6)$.

Grundseite des Dreiecks: $g = 8$ cm
Höhe des Dreiecks: $h = 6$ cm

Damit beträgt die Dreiecksfläche $\mathbf{A} = \frac{8 \cdot 6}{2}\,\text{cm}^2 = \mathbf{24\,cm^2}$.

b) Es sei x die Anzahl der Volleyballmannschaften, y die der Basketballmannschaften.

Dann gilt:

$$6x - 5y = 150 \quad (1)$$
$$x + y = 29 \quad (2)$$
$$x = 29 - y \quad (2')$$

(2') in (1):

$$6(29 - y) + 5y = 150$$
$$174 - 6y + 5y = 150$$
$$174 - y = 150 \quad |+y-150$$
$$y = 24$$
$$x = 29 - 24 = 5$$

Basketballspieler: $24 \cdot 5 = \mathbf{120}$
Volleyballspieler: $5 \cdot 6 = \mathbf{30}$

Wenn 5 Mannschaften einmal gegeneinander spielen, sind es $\frac{5 \cdot 4}{2}$ Spiele = **10 Spiele**.

Wenn alle Basketballmannschaften einmal gegeneinander antreten würden, wären es $\frac{24 \cdot 23}{2}$ Spiele = 276 Spiele.

Gesamtspieldauer:
$276 \cdot 10\,\text{min} = 2\,760\,\text{min} = \mathbf{46\,h}$

Hinweise und Tipps

Wertetabelle für $y = -0{,}5x^2 + 8$

x	–5	–4	–2	0	2	4	5
y	–4,5	0	6	8	6	0	–4,5

Die benötigten Längen können dem Schaubild entnommen werden.

$A = \frac{g \cdot h}{2}$

Das lineare Gleichungssystem lässt sich mit dem Einsetzungsverfahren lösen.

Jede der 5 Mannschaften muss gegen die 4 anderen Mannschaften antreten. Wenn aber Mannschaft A gegen Mannschaft B spielt, ist es das gleiche Spiel, wie wenn Mannschaft B gegen Mannschaft A spielt.

c) Fläche des Kreises:

$$A_{Kreis} = \pi \cdot \left(\frac{d}{2}\right)^2 = \frac{\pi}{4} \cdot d^2 \quad (1)$$

Außerdem gilt:

$$d = a \cdot \sqrt{2} \quad (2)$$

(2) in (1):

$$A_{Kreis} = \frac{\pi}{4} \cdot \left(a \cdot \sqrt{2}\right)^2 = \frac{\pi}{4} \cdot 2 \cdot a^2 = \frac{\pi}{2} \cdot a^2$$

Berechnung der Seite a:

$$A_{grau} = 20 \text{ m}^2$$

$$\frac{\pi}{2} \cdot a^2 - a^2 = 20 \text{ m}^2$$

$$0{,}571 a^2 \approx 20 \text{ m}^2 \quad |:0{,}571$$

$$a^2 \approx 35 \text{ m}^2 \quad |\sqrt{\ }$$

$$\mathbf{a \approx 5{,}92\ m}$$

Daraus folgt:

$d = 5{,}92 \text{ m} \cdot \sqrt{2} \approx 8{,}37 \text{ m}$

Der **Radius r** des Kreises beträgt dann $8{,}37 \text{ m} : 2 \approx \mathbf{4{,}19\ m}$.

Wenn die weiße Fläche 20 m^2 hätte, wäre die Seitenlänge $a = \sqrt{20}$ m.

Dann würde gelten:

$d = \sqrt{20} \text{ m} \cdot \sqrt{2}$

$d \approx 6{,}32 \text{ m}$

Der **Radius** würde $6{,}32 \text{ m} : 2 = \mathbf{3{,}16\ m}$ betragen.

Hinweise und Tipps

Nach dem Satz des Pythagoras gilt:

$d^2 = a^2 + a^2 = 2a^2$

$d = a \cdot \sqrt{2}$

Das Gleichungssystem wird mit dem Einsetzungsverfahren gelöst.

$A_{grau} = A_{Kreis} - A_{Quadrat}$

$\frac{\pi}{2} \cdot a^2 - a^2 = \left(\frac{\pi}{2} - 1\right) \cdot a^2$

$A_{Quadrat} = a^2 \quad \Rightarrow \quad a = \sqrt{A_{Quadrat}}$

Aufgabe 4

a) Zeichnung im Maßstab 1 : 1 000

$h = 51 \text{ m} \mathrel{\hat{=}} 5{,}1 \text{ cm}$

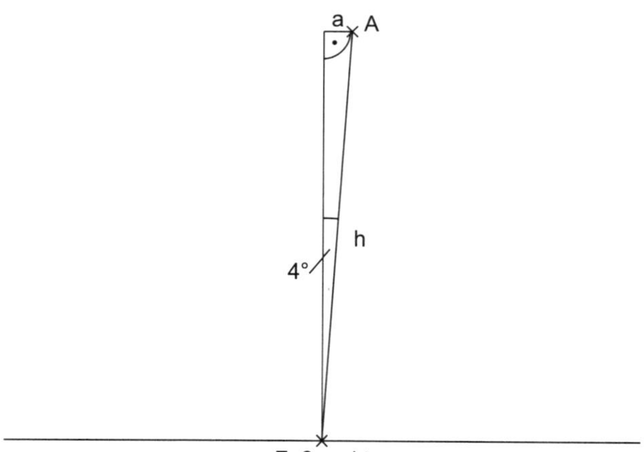

Die Abweichung vom Fußpunkt beträgt laut Zeichnung ca. **4 m**.

Es gilt: $\sin 4° = \frac{a}{51 \text{ m}} \quad \Rightarrow \quad a = 51 \text{ m} \cdot \sin 4° \approx \mathbf{3{,}56\ m}$

Punkt A ragt ca. 3,56 m über den Fußpunkt hinaus.

Für a = 2 m würde gelten:

$$\sin \alpha = \frac{2 \text{ m}}{51 \text{ m}} \quad \Rightarrow \quad \boldsymbol{\alpha \approx 2{,}25°}$$

$a = 0{,}4 \text{ cm} \mathrel{\hat{=}} 4 \text{ m}$

$\sin \alpha = \frac{\text{Gegenkathete}}{\text{Hypotenuse}}$

b)

	A	B	C
1	Zeit t (in s)	Weg s (in m)	Geschwindigkeit v (in km/h)
2	0,00	0,00	0,00
3	0,25	0,31	8,83
4	0,50	1,23	17,66
5	0,75	2,76	26,49
6	1,00	4,91	35,32
7	1,25	7,66	44,15
8	1,50	11,04	52,97
9	1,75	15,02	61,80
10	2,00	19,62	70,63
11	2,25	24,83	79,46
12	2,50	30,66	88,29
13	2,75	37,09	97,12
14	3,00	44,15	105,95
15	3,25	51,81	114,78
16			

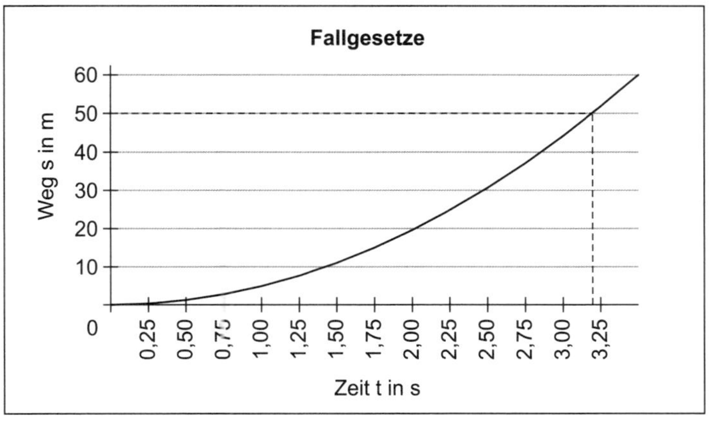

Der Gegenstand kommt bei einer Fallhöhe von 50 m nach ca. **3,24 Sekunden** unten an.

c) Das Volumen des Marmors beträgt
$V = (14\,500 : 2{,}6)\ m^3 \approx 5\,576{,}92\ m^3$.

Es gilt:

$$\frac{4}{3} \cdot \pi \cdot r^3 = 5\,576{,}92\ m^3 \qquad \left| : \frac{4}{3} : \pi \right.$$

$$r^3 \approx 1\,331{,}39\ m^3 \qquad \left| \sqrt[3]{} \right.$$

$$r = \sqrt[3]{1\,331{,}39}\ m$$

$$r \approx 11\ m$$

Der Mathematiklehrer hat **nicht recht**; der Radius der Kugel würde 11 m betragen.

Der Marmor hat ein Volumen von $5\,576{,}92\ m^3$.
Bei einer Wandstärke von 10 cm ergibt dies eine Oberfläche von
$5\,576{,}92 : 0{,}1\ m^2 = 55\,769{,}2\ m^2 \approx 55\,769\ m^2$.

Es lassen sich verschiedene Pyramiden mit diesen Maßen erstellen. Wenn man beispielsweise für die **Grundseite a = 100 m** annimmt, dann beträgt die Grundfläche $A = 100 \cdot 100\ m^2 = 10\,000\ m^2$.

Für die Mantelflächen bleiben also $45\,769\ m^2$.

Hinweise und Tipps

Formelansicht:

	A	B	C
1	Zeit t (in s)	Weg s (in m)	Geschwindigkeit v (in km/h)
2	0	=0,5*9,81*A2^2	=9,81*A2*3,6
3	0,25	=0,5*9,81*A3^2	=9,81*A3*3,6
4	0,5	=0,5*9,81*A4^2	=9,81*A4*3,6
5	0,75	=0,5*9,81*A5^2	=9,81*A5*3,6
6	1	=0,5*9,81*A6^2	=9,81*A6*3,6
7	1,25	=0,5*9,81*A7^2	=9,81*A7*3,6
8	1,5	=0,5*9,81*A8^2	=9,81*A8*3,6
9	1,75	=0,5*9,81*A9^2	=9,81*A9*3,6
10	2	=0,5*9,81*A10^2	=9,81*A10*3,6
11	2,25	=0,5*9,81*A11^2	=9,81*A11*3,6
12	2,5	=0,5*9,81*A12^2	=9,81*A12*3,6
13	2,75	=0,5*9,81*A13^2	=9,81*A13*3,6
14	3	=0,5*9,81*A14^2	=9,81*A14*3,6
15	3,25	=0,5*9,81*A15^2	=9,81*A15*3,6
16			

$$s = \frac{1}{2} g \cdot t^2$$

$$v = g \cdot t$$

Um $\frac{m}{s}$ in $\frac{km}{h}$ umzuwandeln, muss man mit 3,6 multiplizieren.

$$2{,}6\ \frac{g}{cm^3} \mathrel{\hat=} 2{,}6\ \frac{kg}{dm^3} \mathrel{\hat=} 2{,}6\ \frac{t}{m^3}$$

$$V_{Kugel} = \frac{4}{3} \cdot \pi \cdot r^3$$

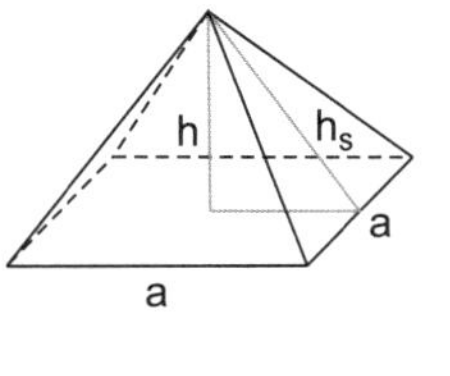

Die Seitenhöhe ist dann $h_s = \frac{M}{2a} = \frac{45\,769}{200}\,\text{m} \approx 228{,}85\text{ m}.$

Die Höhe h der Pyramide beträgt dann:

$$\mathbf{h} = \sqrt{h_s^2 - \frac{a^2}{4}} \approx \sqrt{228{,}85^2 - \frac{100^2}{4}}\,\text{m} \approx \mathbf{223{,}32\ m}$$

Hinweise und Tipps

Für den Mantel der Pyramide gilt:

$M = 4 \cdot \frac{a \cdot h_s}{2} = 2 \cdot a \cdot h_s$

Nach dem Satz des Pythagoras gilt:

$h_s^2 = \left(\frac{a}{2}\right)^2 + h^2$

▶ Deutsch

Hinweise und Tipps

Im Folgenden erfährst du alles Wichtige zu den verschiedenen Aufgabenarten sowie zum Ablauf der Prüfung im **Fach Deutsch**.

Was wird eigentlich geprüft?

Zunächst einmal wird geprüft, ob du Texte gut verstehst. Du erhältst in der Prüfung **mehrere Texte** zu einem **Leitthema**. Die Textgrundlagen bilden unterschiedliche **literarische Texte** (z. B. Kurzgeschichte, Auszug aus einem Roman/Jugendbuch, Gedicht) und lineare bzw. nichtlineare **Sachtexte**. Als lineare Sachtexte bezeichnet man Sachtexte, die aus reinem Fließtext bestehen (z. B. Lexikontext, Interview); unter nichtlinearen Sachtexten versteht man Sachtexte, die zusätzlich Diagramme, Tabellen, Grafiken etc. enthalten.
Zu den Texten werden dir verschiedene Aufgaben gestellt, die du bearbeiten sollst. Anhand deiner Lösungen wird geprüft, ob du in der Lage bist, die Texte zu verstehen, und ob du dein Textverständnis auch schriftlich zum Ausdruck bringen kannst.

Welche Aufgaben gibt es?

Ausgehend von den vorliegenden Texten werden unterschiedliche Aufgaben gestellt, die sich auf **inhaltliche und sprachlich-stilistische Fragestellungen** beziehen. Zunächst musst du bestimmte Fragen zu den Texten mit eigenen Worten beantworten. Beispielsweise ist es möglich, dass du den Sinn einer Textstelle erklären sollst. In der Regel wirst du auch in einer oder mehreren Aufgaben aufgefordert, eine „**übersichtliche Form der Darstellung**" zu wählen. Es gibt dafür unterschiedliche Möglichkeiten; die wichtigsten sind: eine tabellarische Übersicht, ein Cluster oder eine Mindmap. Als Letztes folgt die **Schreibaufgabe**. Hier wird von dir verlangt, dass du einen Aufsatz schreibst und dazu die aus den zuvor bearbeiteten Aufgaben gewonnenen Erkenntnisse mit einbeziehst.

Ist die Reihenfolge der Aufgaben festgelegt?

Ja! Es ist sogar sehr wichtig, dass du alle Aufgaben genau in der **vorgegebenen Reihenfolge** bearbeitest. Die ersten Aufgaben bereiten dich nämlich auf den Aufsatz vor, den du zum Schluss schreiben sollst. Wenn du die einzelnen Aufgaben aufmerksam bearbeitest, wirst du feststellen, dass dir die Ergebnisse der ersten Aufgaben Informationen und Argumente für den Aufsatz liefern.

Wird auch die Rechtschreibung gewertet?

Die Rechtschreibung wird nur bei Aufgaben gewertet, bei denen das ausdrücklich in der Aufgabenstellung angegeben wird. In der Regel ist das bei der letzten Aufgabe, dem Aufsatz, der Fall. Natürlich solltest du aber alle deine Antworten möglichst fehlerfrei schreiben. Das betrifft nicht nur die richtige **Schreibung** der Wörter, sondern auch die **Zeichensetzung**. Auch die Sprachrichtigkeit ist wichtig, d. h., du musst dich unbedingt darum bemühen, Sätze zu schreiben, die **grammatisch** korrekt sind. Für die Bewertung der Rechtschreibung wird ausgerechnet, was für ein Fehlerquotient bei dir vorliegt. Das bedeutet: Es wird berechnet, wie viele Fehler du, bezogen auf 100 Wörter, gemacht hast.

Welche Hilfsmittel sind erlaubt?

Du darfst ein **Wörterbuch** (in der Regel den Duden) benutzen. Das Wörterbuch hilft, wenn du nicht genau weißt, wie ein Wort geschrieben wird. Es kann dir auch helfen, wenn du in einem Text die Bedeutung eines Wortes nicht genau verstehst. Dann findest du im Wörterbuch eine Erklärung. Denn schwierige Wörter werden in jedem Wörterbuch erklärt – und nur bei den schwierigen Wörtern (z. B. bei Fremdwörtern) wirst du Verständnisprobleme haben.

Wie läuft die Prüfung ab?

Eigentlich läuft die Prüfung ab **wie eine ganz normale Klassenarbeit**. Der Unterschied zu einer normalen Klassenarbeit besteht nur darin, dass du mehr Aufgaben bearbeiten musst. Dafür hast du aber auch mehr Zeit zur Verfügung. Die Arbeitszeit beträgt **240 Minuten**, die Einlesezeit ist dabei eingerechnet.

Kann ich mich mündlich prüfen lassen?

Nach Bekanntgabe der schriftlichen Note kannst du eine **zusätzliche mündliche Prüfung** ablegen. Die mündliche Prüfung ist freiwillig. Du solltest an dieser Prüfung teilnehmen, wenn du dadurch die Chance hast, deine Endnote zu verbessern. Schriftliche und mündliche Prüfung zählen beide zu gleichen Teilen. Sprich mit deinem Lehrer/deiner Lehrerin über diese Möglichkeit.

Wie werden Prüfungs- und Endnote berechnet?

Art der Prüfung	Prüfungsteile	Gewichtung	
		entweder	oder
Zentrale schriftliche Prüfung	Leseverstehen, Textverständnis und Schreiben	50 %	25 %
			25 % Zusätzlich gewählte mündliche Prüfung

Berechnung der Endnote	
Jahresleistung	Prüfungsleistung
50 %	50 %

Mobilität

Die folgenden Texte und das Diagramm befassen sich mit dem Themenbereich „Mobilität".
Lesen Sie die Texte genau durch und bearbeiten Sie dann die Aufgaben.
Die Bearbeitung der Aufgaben in der vorgegebenen Reihenfolge ist hilfreich.
Die Arbeitszeit beträgt 240 Minuten.
Sie können ein Rechtschreibwörterbuch verwenden.

Text A: Das Auto ist ein Stück Freiheit

Die ersten Automobile waren teuer. Nur wenige konnten sich eines leisten. Erst die Großserienproduktion ermöglichte es Millionen von Menschen, sich den Traum vom eigenen Wagen zu erfüllen.

Das Auto macht seinen Besitzer in einem nie gekannten Maße zum Herrn über Raum und Zeit. Es gibt ihm die Freiheit zu entscheiden, wann und wohin die Reise geht: Es befördert Millionen von Menschen, die dem Alltag entrinnen wollen und in einer anderen Umgebung wohlverdiente Erholung suchen, innerhalb weniger Tage in die Urlaubsgebiete und zurück. Es gibt kein anderes Verkehrsmittel, das so große Massen in so kurzer Zeit transportieren könnte. Der Bedarf an Mobilität wird auch in Zukunft nicht vom Auto allein befriedigt werden. Andere Verkehrssysteme werden hinzukommen. Aber: Im modernen Menschen wohnt ein ausgeprägter Freiheitsdrang. Man will frei sein von zeitlicher und örtlicher Bindung und sich bewegen können. Mit steigendem Einkommen, mit zunehmender Freizeit wird sich dieser Drang zur Individualisierung noch verstärken. Die Verkehrsbedürfnisse der Gesellschaft von morgen können nicht gegen das Auto befriedigt werden, sondern nur mit ihm. Die Zukunft wird es lehren.

Nach: Das Auto ist ein Stück Freiheit, in: Aufrisse: Texte und Arbeitsmöglichkeiten für den Deutschunterricht, Schöningh Verlag 1977

Text B: Motorisiertes Dasein

Im Sommer ist New York ja unerträglich, keine Frage, und wer es irgendwie kann, fährt hinaus, sobald er frei ist. Hunderttausende von Wagen rollen am Sonntag beispielsweise über die Washington Bridge hinaus, drei nebeneinander, eine Armee von Städtern, die dringend die Natur suchen. Dabei ist die Natur zu beiden Seiten schon lange da; Seen ziehen vorbei, Wälder mit grünem Unterholz, Wälder, die nicht gekämmt sind, sondern wuchern, und dann wieder offene Felder ohne ein einziges Haus, eine Augenweide, ja, es ist genau das Paradies; nur eben: man fährt vorbei. In diesem fließenden Band von glitzernden Wagen, die alle das verordnete Tempo von vierzig oder sechzig Meilen halten, kann man ja nicht einfach stoppen, um an einem Fichtenzapfen zu riechen. Nur wer eine Panne hat, darf in den seitlichen Rasen ausrollen, um das fließende Band nicht heillos zu stören, und wer etwa ausrollt, ohne dass er eine Panne hat, der hat eine Buße. Also weiterfahren, nichts als weiterfahren! Die Straßen sind vollendet, versteht sich, in gelassenen Schleifen ziehen sie durch das weite und sanfte Hügelland voll grüner Einsamkeit, ach, man müsste bloß aus dem Wagen steigen können. Gewiss gibt es Ausfahrten, mit Scharfsinn ersonnen, damit man ohne Todesgefahr, ohne Kreuzung, ohne Huperei abzweigen und über eine Arabeske großzügiger Schleifen[1] ausmünden kann in eine Nebenstraße; die führt zu einer Siedlung, zu einer Industrie, zu einem Flughafen. Wir wollen aber in die schlichte Natur. Also zurück in das fließende Band! Nach zwei oder drei Stunden werde ich nervös. Da alle fahren, Wagen neben Wagen, ist jedoch anzunehmen, dass es Ziele gibt, die diese Fahrerei irgendwann einmal belohnen. Wie gesagt: immerfort ist die Natur zum Greifen nahe, aber nicht zu greifen, nicht zu betreten; sie gleitet vorüber wie ein Farbfilm mit Wald und See und Schilf. Neben uns rollt ein Nash[2] mit quakendem Lautsprecher: Reportage über Baseball. Wir versuchen vorzufahren, um den Nachbar zu wechseln, und endlich gelingt es auch; jetzt haben wir einen Ford an der Seite und hören die Siebente von Beethoven, was wir im Augenblick auch nicht suchen, sondern ich möchte jetzt einfach wissen, wohin diese ganze Rollerei eigentlich führt. Ist es denkbar, dass sie den ganzen Sonntag so rollen? Es ist denkbar. Nach etwa drei Stunden, bloß um einmal aussteigen zu können, fahren wir in ein sogenanntes Picknick-Camp. Man zahlt einen bescheidenen Eintritt in die Natur, die aus einem idyllischen See besteht, aus einer großen Wiese, wo sie Baseball spielen, aus einem Wald voll herrlicher Bäume, im Übrigen ist es ein glitzernder Wagenpark mit Hängematten dazwischen, mit Esstischlein, Lautsprecher und Feuerstellen, die fix und fertig und im Eintritt inbegriffen sind. In einem Wagen sehe ich eine junge Dame, die ein Magazin liest: How to enjoy life; übrigens nicht die Einzige, die lieber im bequemen Wagen bleibt. Das Camp ist sehr groß; mit der Zeit finden wir einen etwas steileren Hang, wo es keine Wagen gibt, aber auch keine Leute; denn wo sein Wagen nicht hinkommt, hat der Mensch nichts verloren. Wir haben versucht, dieses Land zu betreten; es ist möglich, aber nicht leicht, da es einfach keine Pfade für Fußgänger gibt, und es braucht schon einiges Glück, einmal eine schmale Nebenstraße zu finden, wo man den Wagen schlechterdings an den Rand stellen kann. Ein Liebespaar, umschlungen im Anblick eines Wassers, mit wilden Seerosen, sitzt nicht am Ufer, sondern im Wagen, wie es üblich ist. Kaum stapft man einige Schritte, steht man in Urwaldstille, von Schmetterlingen umflattert, und es ist durchaus möglich, dass man der erste Mensch auf dieser Stelle ist; das Ufer rings um den See hat keinen einzigen Steg, keine Hütte, keine Spur von Menschenwerk, über Kilometer hin einen einzigen Fischer. Kaum hat er uns erblickt, kommt er, plaudert und setzt sich sofort neben uns, um weiterzufischen, um ja nicht allein zu sein. Gegen vier Uhr nachmittags fängt es wieder an, das gleiche Rollen wie am Morgen, nur in der anderen Richtung und sehr viel langsamer: New York sammelt seine Millionen, Stockungen sind nicht zu vermeiden. Es ist heiß, man wartet und schwitzt, wartet und versucht, sich um eine Wagenlänge vorzuzwängeln; dann geht es wieder, Schrittfahren, dann wieder offene Fahrt, dann wieder Stockung. Man sieht eine Schlange von vierhundert und fünfhundert Wagen, die in der Hitze glitzern, und Helikopter kreisen über der Gegend, lassen sich über den stockenden Kolonnen herunter, um durch Lautsprecher zu melden, welche Straßen weniger verstopft sind. So geht es drei oder vier oder fünf Stunden, bis wir wieder in New York sind. An Schlaf bei offenem Fenster ist nicht zu denken. Das Rollen der Wagen mit ihren leise winselnden Reifen hört überhaupt nicht auf, bis man ein Schlafpulver nimmt. Es rollt Tag und Nacht …

Nach: Max Frisch: Stiller, Suhrkamp Verlag, Frankfurt am Main 1954

1 *Arabeske großzügiger Schleifen:* hier: kunstvoll, großzügig angelegte Straßenschleifen
2 *Nash:* Autotyp

Text C: Mobilität und Gesellschaft

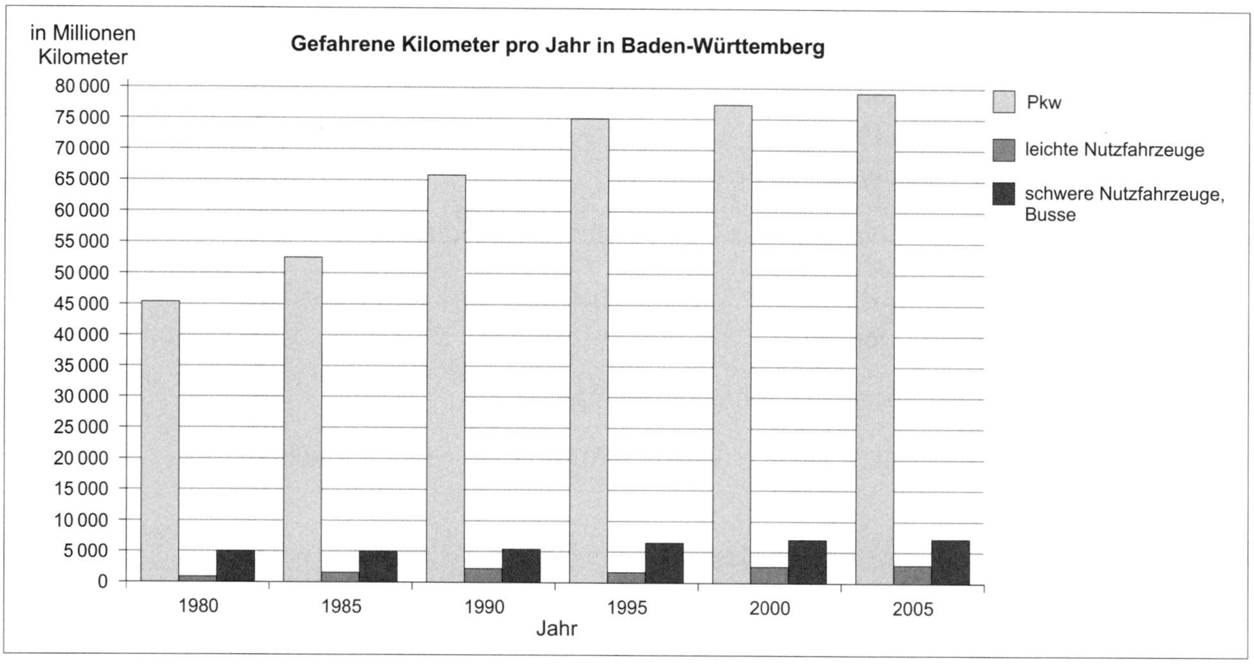

Ein wesentliches Merkmal unserer heutigen Industriegesellschaft ist die ungeheure Mobilität von Menschen und Gütern. Mit Flugzeugen, Schiffen, Hochgeschwindigkeitszügen und Autos ist es im Prinzip möglich, jeden Punkt der Erde zu erreichen.
Wie sehr diese Mobilität gewachsen ist, zeigt die Veränderung der Verkehrsleistungen im Personen- und Güterverkehr. Das mit Abstand wichtigste Verkehrsmittel ist das Auto.
Die Zunahme von Mobilität liegt zum überwiegenden Teil beim motorisierten Individualverkehr. Dies zeigt sich in der zunehmenden Belastung der Straßen. Doch je mehr von dieser Mobilität Gebrauch gemacht wird, desto mehr gerät sie ins Stocken.

Quelle: Statistisches Landesamt Baden-Württemberg 2007

Text D: Verkehr und Gesundheit

Die durch den Verkehr entstehenden Abgase enthalten unter anderem folgende Schadstoffe: Stickstoffoxide, Kohlenmonoxid, Schwefeloxid, Benzole, Staub- und Rußpartikel.
Die toxischen Wirkungen dieser Schadstoffe betreffen zum einen den Menschen direkt, indem er sie über die Atemluft aufnimmt. Zum anderen werden auch Tiere und Pflanzen geschädigt, wobei die aufgenommenen Schadstoffe über die Nahrungskette beim Menschen indirekt wirksam werden.
Die Wirkungen lassen sich in zwei Teilbereiche zerlegen: Einige Schadstoffe können die Atmungsorgane reizen oder schädigen, andere wirken krebsfördernd (Benzol, Rußpartikel). Weiterhin wird angenommen, dass Luftverunreinigungen das Entstehen von Allergiekrankheiten fördern.
Der Schadstoffausstoß pro Automobil konnte seit 1990 zwar zum Beispiel durch sinkenden Verbrauch reduziert werden, durch den steigenden Verkehr nahmen die Gesamtemissionen jedoch zu.
Der Kraftfahrzeugverkehr ist heute in der Bundesrepublik Deutschland die wichtigste Ursache der Luftverschmutzung, des Lärms und des Flächenverbrauchs.

Nach: Mobilität und Verkehr, von Stefan Bratzel (unter Mitarbeit von Ralf Tellermann), in: Umweltpolitik, Informationen zur politischen Bildung, Nr. 287, 2005

Aufgaben

Punkte

Die Bearbeitung der Aufgaben in der vorgegebenen Reihenfolge ist hilfreich.

1. Finden Sie zu den folgenden Aussagen passende Textstellen des Textes „Das Auto ist ein Stück Freiheit“.
Geben Sie die entsprechenden Zeilen an.

a) Auch in Zukunft ist das Auto als Verkehrsmittel unabdingbar.

b) Wenn ein Automodell in hoher Anzahl hergestellt wird, können sich viele Menschen ein Auto leisten.

c) Menschen wollen mobil und dabei unabhängig sein.

d) Wann immer gewollt, können – dank des Autos – viele Orte erreicht werden.

2
Jeweils 0,5 Punkte pro Zuordnung und Zeile

2. Gliedern Sie den Text „Motorisiertes Dasein“ von Max Frisch in fünf sinnvolle Abschnitte und finden Sie jeweils eine passende Überschrift.

Notieren Sie Ihre Ergebnisse folgendermaßen:

Zeile … bis …: Überschrift

5
Jeweils 0,5 Punkte pro Zeile und pro Überschrift

3. In dem Text „Motorisiertes Dasein“ von Max Frisch setzt sich ein fiktiver Erzähler mit dem motorisierten Dasein auseinander.

Bringt dieses motorisierte Dasein Freiheit für den Einzelnen?
Begründen Sie Ihre Antwort und belegen Sie diese mit vier Textbeispielen.

6
davon:
Beispiele: 4 Punkte
Begründungen: 2 Punkte

4. In den Texten A–D und dem Diagramm werden Aspekte der Mobilität dargestellt.
Stellen Sie in einer Mindmap positive und negative Aspekte der Mobilität dar. Finden Sie mindestens fünf Oberbegriffe und ergänzen Sie diese durch erklärende Unterpunkte.

5
Jeweils 1 Punkt pro Oberbegriff mit Unterpunkten

5. Mobilität um jeden Preis?

Im Rahmen der Themenwoche „Mobilität" sollen Sie das Referat „Mobilität um jeden Preis?" vor Ihren Mitschülerinnen und Mitschülern halten.

a) Erstellen Sie eine mögliche Gliederung für das gesamte Referat.

b) Formulieren Sie vier Aspekte des Hauptteils aus.

c) Stellen Sie im Schlussteil Ihre eigene Meinung zu diesem Thema dar.

Schreiben Sie bei den Aufgabenteilen 5 b und 5 c ausführlich und grammatikalisch richtig. Satzbau, Ausdruck und Rechtschreibung werden bei der Punktevergabe berücksichtigt. Für die fehlerhafte Rechtschreibung können bis zu sechs Punkte abgezogen werden.

22
davon:
a) Inhalt: 2
b) und c) Inhalt: 10
Sprache/Ausdruck: 10

Lösungen

1. **Hinweis:** *Lies den Text konzentriert und unterstreiche die Sätze, die deiner Meinung nach den Sinn der Sätze a–d wiedergeben. Vergleiche dann alle unterstrichenen Sätze mit den Sätzen a–d und überprüfe, ob tatsächlich der gesamte Satz Ähnliches ausdrückt. Schreibe die Sätze heraus. Denke an die Zeilenangabe. Wenn du sie vergisst, gibt es Punktabzug!*

   a) Die Verkehrsbedürfnisse der Gesellschaft von morgen können nicht gegen das Auto befriedigt werden, sondern nur mit ihm. (Z. 13/14)

   b) Erst die Großserienproduktion ermöglichte es Millionen von Menschen, sich den Traum vom eigenen Wagen zu erfüllen. (Z. 1–3)

   c) Man will frei sein von zeitlicher und örtlicher Bindung und sich bewegen können. (Z. 11)

   d) Das Auto macht seinen Besitzer in einem nie gekannten Maße zum Herrn über Raum und Zeit. (Z. 4)

2. **Hinweis:** *Wenn ein Text nicht schon rein optisch vom Autor in Abschnitte eingeteilt ist, musst du im Text selbst nach möglichen Sinnabschnitten für eine Gliederung suchen. Dass ein neuer Sinnabschnitt beginnt, erkennst du daran, dass ein neuer Gedanke, ein neuer Aspekt oder eine neue Episode dargestellt wird. Stelle dir vor, du müsstest eine Mindmap zum Text erstellen, dann würdest du das zentrale Thema in die Mitte schreiben und die Sinnabschnitte in den einzelnen „Zweigen" rings herum anordnen. Es gibt immer mehrere Möglichkeiten, einen Text in Abschnitte einzuteilen, wichtig ist nur, dass deine Einteilung sinnvoll ist.*
   Im Text „Motorisiertes Dasein" wird beschrieben, wie die Bewohner von New York versuchen, am Wochenende aus der Stadt heraus in die freie Natur zu gelangen. Sie tun dies, indem sie sich stundenlang durch Massenverkehr und Autokolonnen quälen. Der Erzähler schildert eine Fahrt ins Grüne an einem normalen New Yorker Sonntag im Sommer. Versuche, diese Fahrt in fünf sinnvolle Abschnitte zu gliedern.
   Im Folgenden findest du eine mögliche Gliederung mit mehreren möglichen Überschriften.

   Zeile 1 bis 4: Verlassen der Großstadt
   Zeile 4 bis 25: Auf der Hinfahrt/Autokolonne in die Natur
   Zeile 25 bis 42: Im Picknick-Camp/Das Ausflugsziel/In der Natur
   Zeile 42 bis 50: Auf der Rückfahrt/Blechlawine zurück in die Stadt
   Zeile 50 bis 52: Zurück in der Großstadt/Nachts in New York

3. **Hinweis:** *Überlege, welche Sichtweise der Erzähler vertritt und an welchen Stellen im Text du das erkennen kannst. Entscheide zunächst: Vertritt der Erzähler in Frischs Text den Standpunkt, dass das „motorisierte Dasein" dem einzelnen Menschen Freiheit bringt? Oder ist er der Auffassung, dass das Leben mit Autos und Autoverkehr den Menschen eher belastet und einengt? Begründe deine Meinung.*
   Beachte, dass Zitate (Textbelege) immer wörtlich aus dem Text übernommen und in Anfüh-

rungszeichen gesetzt werden. Wenn du einen Teil des Satzes auslassen willst, musst du das mit Auslassungszeichen kennzeichnen (z. B.: „Gewiss gibt es Ausfahrten […], damit man […] ausmünden kann in eine Nebenstraße“.). In der Aufgabe sind vier Textbeispiele gefordert. Denke auch daran, die Zeilen anzugeben.

Der Erzähler glaubt nicht, dass das motorisierte Dasein mehr Freiheit für den Einzelnen bringt. Ganz im Gegenteil ist die Fortbewegung im Auto für ihn offensichtlich mit vielen unterschiedlichen Zwängen verbunden. Dies kann man an mehreren Stellen im Text erkennen.

So erscheint es dem Erzähler z. B. komplett widersinnig, dass man während der Fahrt nicht einmal am Wegesrand anhalten kann, um die Natur – die ja eigentlich das Ziel der Menschen ist – zu genießen. Nicht mehr man selbst bestimmt das Tempo der Fahrt, sondern die vielen anderen Autos in der Wagenkolonne. Deutlich wird das z. B. an folgender Textstelle:
„[…] ja, es ist genau das Paradies; nur eben: man fährt vorbei.“ (Z. 6/7)

Auch Staus behindern aus Sicht des Erzählers die Freiheit des Einzelnen. Sie bestimmen gegen den Willen des Fahrers das Tempo der Fahrt, denn man wird immer wieder zum Anhalten und Warten bzw. langsamen Weiterfahren gezwungen. Im Text wird die Rückfahrt nach New York so beschrieben:
„Es ist heiß, man wartet und schwitzt, wartet und versucht, sich um eine Wagenlänge vorzuzwängeln; dann geht es wieder, Schrittfahren, dann wieder offene Fahrt, dann wieder Stockung.“ (Z. 44–46)

Auch die Straßen, die man mit dem Auto zu nutzen gezwungen ist, empfindet der Erzähler als Einschränkung der Freiheit, denn sie, und nicht mehr allein der Fahrer, bestimmen die Richtung und die Endpunkte der Fahrt.
„Gewiss gibt es Ausfahrten […], damit man […] ausmünden kann in eine Nebenstraße; die führt zu einer Siedlung, zu einer Industrie, zu einem Flughafen. Wir wollen aber in die schlichte Natur.“ (Z. 13–16)

Der Erzähler weist zudem darauf hin, dass der Einzelne im dichten Massenverkehr nicht mehr die Freiheit hat, sich von anderen Autofahrern abzugrenzen. In einem Stau z. B. ist man gezwungen, laute Musik aus dem Nachbarwagen mitzuhören und kann plötzlich auch über das Musikprogramm nicht mehr selbst entscheiden.
„Wir versuchen vorzufahren, um den Nachbar zu wechseln, und endlich gelingt es auch; jetzt haben wir einen Ford an der Seite und hören die Siebente von Beethoven, was wir im Augenblick auch nicht suchen, sondern ich möchte jetzt einfach wissen, wohin diese ganze Rollerei eigentlich führt.“ (Z. 21–24)

4. Hinweis: *Eine Mindmap („Gedächtnis-Landkarte“) dient dazu, Informationen aus Texten und deinen Gedanken dazu eine übersichtliche Struktur zu geben. Mithilfe einer Mindmap soll man auf einen Blick die wichtigsten Begriffe und Zusammenhänge eines Themas erkennen können. Du kannst eine Mindmap auch mit Zeichnungen und Symbolen ergänzen.*
Bei einer Mindmap, die wie hier Informationen zu einem Thema aus verschiedenen Quellen (Texte, Grafiken …) zusammenfassend darstellen soll, ist das Finden von Oberbegriffen der schwierigste Schritt. Du kannst dabei so vorgehen: Nimm dir die Texte nacheinander vor:

Sammle auf einem Extrablatt zuerst die wichtigsten Informationen zum Thema Mobilität. Ordne dann die Informationen (Welche Informationen gehören zusammen? Durch welchen Oberbegriff/welches Stichwort lassen sie sich zusammenfassen? Was sind positive, was negative Aspekte von Mobilität?). Überlege in einem weiteren Schritt, ob sich diese Oberbegriffe nochmals sortieren und mit einem weiteren Oberbegriff oder einer Art Überschrift zusammenfassen lassen.

Hier ein Beispiel zu Text B:

Staus am Wochenende	☹	***Stress***	***Massenverkehr***
dichter Ausflugsverkehr	☹		
Lärm	☹	***Umweltbelastung***	
Abgase	☹		
durch Straßen verbaute Natur	☹		

Ordne diese zentralen Oberbegriffe oder „Überschriften" dann kreisförmig um das Thema an, schreibe zu diesen „Knoten" dann wieder weitere passende Begriffe aus deiner Liste und verbinde zusammengehörige Aspekte und Begriffe mit Linien. Es entsteht ein „Netz" mit sich immer weiter verzweigenden thematischen Ebenen.
Hier, in diesem Fall, kannst du auch folgendermaßen vorgehen: Da alle Texte ausschließlich das Thema Mobilität behandeln, suchst du zu jedem der Texte (A–D) und dem Diagramm einen Oberbegriff, der einen positiven oder negativen Aspekt des Themas „Mobilität" aufgreift (das ergibt die fünf geforderten Oberbegriffe). Anschließend ordnest du diesen Oberbegriffen jeweils zwei passende Informationen zu, die du im jeweiligen Text/Material gefunden hast.

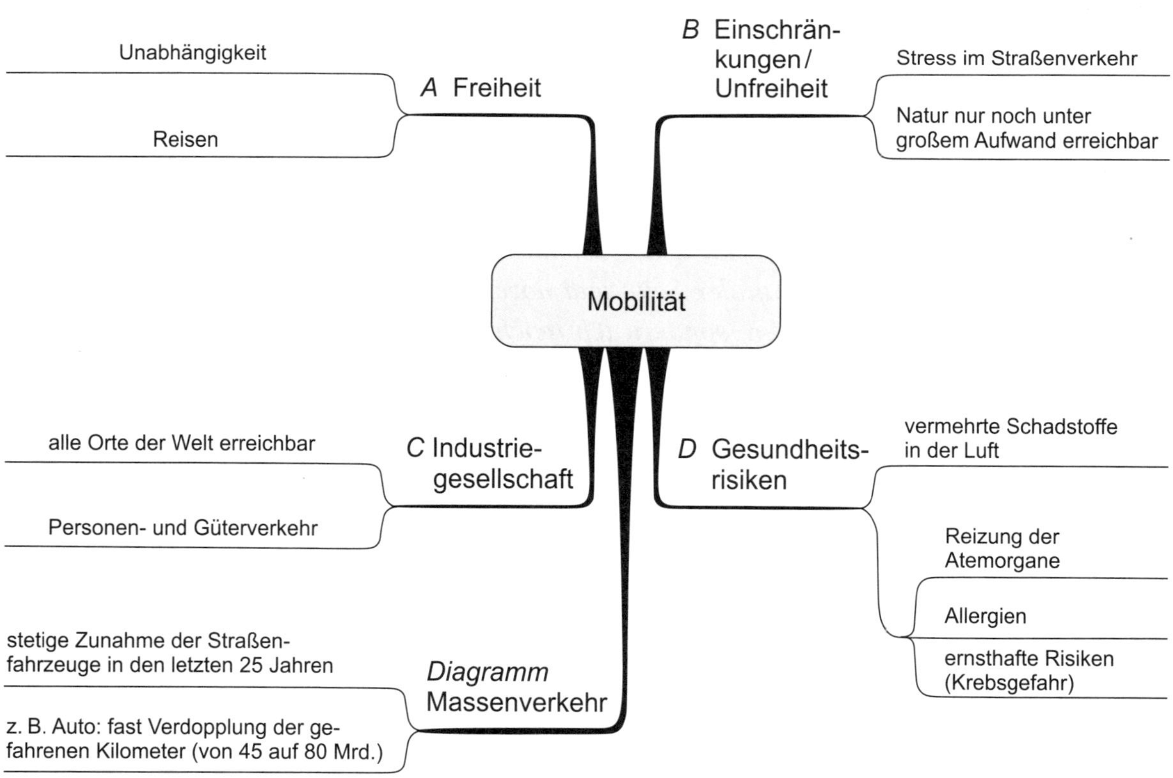

5. **Hinweis:** *In einem Referat wendest du dich direkt an Zuhörer und versuchst, sie über ein Thema zu informieren oder ihnen mögliche Sichtweisen zu einem Thema darzustellen. Da das Thema in der Aufgabe als Frage formuliert ist, die du dir selbst und deinen Zuhörern stellst, soll es hier vor allem darum gehen, die positiven und negativen Seiten der Mobilität in einer modernen Gesellschaft darzustellen und dazu abschließend auch selbst einen Standpunkt zu beziehen. Im Grunde heißt das, dass du das Thema für deine Mitschülerinnen und Mitschüler erörtern sollst.*

Ein Referat sollte – wie jeder andere Aufsatz auch – in Einleitung, Hauptteil und Schluss eingeteilt sein. In der Einleitung erklärst du den Zuhörern, mit welchem Thema/welcher Frage du dich beschäftigt hast und warum dir das wichtig erscheint. Du solltest dabei auch erläutern, welche Teilfragen in dem Thema stecken. Im Hauptteil diskutierst du anschließend Aspekte ***für*** *und* ***gegen*** *Mobilität um jeden Preis. (Diskutiere also, warum es einerseits eine gute Sache ist, wenn Menschen immer mobiler werden. Und andererseits, welche negativen Folgen diese Mobilität hat.) Die Texte A–D und das Diagramm liefern dir die notwendigen Informationen, mit denen du deine Argumente begründen kannst. Im Schlussteil formulierst du deine eigene Meinung zu dieser Frage und begründest diese Meinung auch.*

Die Gliederung in Aufgabe a solltest du in Stichworten verfassen – sie ist zugleich dein Konzept für den Hauptteil und den Schluss, die du in Aufgabe b und c schreiben sollst.

a) Gliederung

Einleitung:

- Verkehr nimmt immer weiter zu.
- Praktisch alle Orte der Welt sind erreichbar.
- Viele Menschen sehen Mobilität als eine Art Grundrecht an.
- Erklären der Fragestellung: Sollten die Möglichkeiten der Fortbewegung dennoch immer mehr erweitert werden? Bedeutet Mobilität neben Freiheit auch Einschränkung?

Hauptteil:

Vorteile (Pro-Argumente)

- Mobilität bedeutet Freiheit: Moderne Verkehrsmittel machen Reisen/Urlaube/Tourismus in ferne Länder möglich; mit dem Auto können Menschen sich frei und unabhängig fortbewegen.
- Mobilität eröffnet neue Erfahrungsräume: Durch Reisen fremde Länder und Kulturen kennenlernen.
- Mobilität ist wichtig für die Wirtschaft: Transport von Gütern an jeden Punkt der Welt möglich → Reisen machen internationale Geschäfte möglich.

Nachteile (Kontra-Argumente)

- Wachsende Mobilität führt zu Umweltproblemen: Natur wird immer mehr mit Straßen zugebaut → kaum noch unberührte Natur; immer mehr Abgase und Schadstoffe in der Luft.
- Wachsende Mobilität führt zu Belastungen und Gesundheitsproblemen für den Menschen, z. B.
  - Lärmbelästigung in den Städten,
  - Staus behindern den Verkehr → Stress durch hohe Verkehrsdichte → Freizeit wird zunehmend im Stau verbracht,
  - Atemwegserkrankungen, Allergien, erhöhte Krebsgefahr.

Schluss:

- Mobilität ist wichtig, sie hat dem Menschen die Welt erschlossen.
- Problem liegt in zu hohem Individualverkehr und Verkehrsmitteln, die die Umwelt belasten → Mögliche Lösung: Weg vom eigenen Auto, hin zu mehr öffentlichen und umweltfreundlichen Verkehrsmitteln.

b) Hauptteil:

1. Aspekt Pro-Argument Mobilität bedeutet Freiheit für den Einzelnen

Die Tatsache, dass Menschen heute durch moderne Verkehrsmittel wie Autos, Bahnen, Busse und Flugzeuge über weit mehr Mobilität als vor 100 Jahren verfügen, ist an sich ein begrüßenswerter Fortschritt. Die technischen Erfindungen des ausgehenden 19. und 20. Jahrhunderts haben die Menschen überhaupt erst in die Lage versetzt, sich frei und unabhängig über ihr Dorf oder ihre Stadt hinaus zu bewegen. Sie haben dadurch die Freiheit gewonnen, zu reisen und andere Länder zu entdecken. Urlaube sind für „normale Leute" überhaupt erst durch die Massenproduktion von Autos möglich und bezahlbar geworden und heute ist es sogar für Menschen, die ein normales Einkommen haben, möglich, ihren Urlaub z. B. in der Türkei oder auf einer Ferieninsel zu verbringen.

Beispiele

2. Aspekt Pro-Argument Durch Mobilität neues Wissen und Erfahrungen

Die durch den Massentourismus plötzlich für jeden bezahlbar gewordene Möglichkeit, weite Reisen zu unternehmen, hat auch das Wissen der Menschen und ihre Toleranz gegenüber fremden Kulturen sehr erweitert. Menschen sind heute in der Lage, auch sehr weit entfernte Länder und exotische Kulturen zu erkunden und das hat – angefangen vom griechischen oder thailändischen Lokal um die Ecke bis hin zum fernöstlichen Einrichtungsstil mancher Wohnungen – auch den Alltag in Deutschland verändert.

Beispiele

3. Aspekt Pro-Argument Bedeutung für die Wirtschaft

Auch für die Wirtschaft eines Landes ist Mobilität ein höchst wichtiger Aspekt. Der Transport von Gütern per Lkw oder auf der Schiene an praktisch alle Orte auf der Welt ist die notwendige Voraussetzung für Geschäfte im In- und Ausland. Wir würden heute z. B. keine Orangen oder Ananas kennen, wenn es nicht möglich wäre, sie aus südlichen Ländern in deutsche Supermärkte zu transportieren.

Beispiel

4. Aspekt Kontra-Argument Umweltprobleme

Allerdings muss für die wachsende Mobilität in der Gesellschaft auch ein Preis bezahlt werden. So führt der ständig wachsende Verkehr dazu, dass immer mehr Straßen und Schienenwege gebaut und ausgebaut werden müssen und die Natur mit der Zeit sprichwörtlich zubetoniert wird. Und auch Flughäfen und Landebahnen verbrauchen zunehmend mehr Raum in der Natur.

verbaute Natur

Massentourismus und seine Folgen

Eine Schattenseite des Urlaubs, den sich heute fast jeder leisten kann, sind der Massentourismus und seine Folgen. Es gibt immer weniger unberührte Natur auf der Welt und durch wachsenden Auto- und Flugverkehr erhöhen sich die Schadstoffe in der Luft, die negative Folgen für Pflanzen und Tiere und auch für den Menschen haben.

c) Schluss:

Ich denke, der Überblick hat gezeigt, dass die Möglichkeiten, sich in einer modernen Gesellschaft fortbewegen zu können, einen wichtigen Fortschritt darstellen. Die Mobilität hat den Menschen viel Freiheit geschenkt und ihnen weite Teile der Welt überhaupt erst erschlossen. Allerdings kann die Mobilität in einer Gesellschaft allein aufgrund der vielfältig spürbaren Auswirkungen auf die Umwelt nicht unendlich anwachsen. Vielleicht wird es daher in Zukunft nicht mehr für alle Menschen möglich sein, ein eigenes Auto zu besitzen und man wird sich sicher auch überlegen müssen, ob jeder Weg auch tatsächlich mit dem Auto zurückgelegt werden muss. Dennoch werden die Menschen deshalb meiner Meinung nach nicht auf Mobilität verzichten müssen – das Nutzen von öffentlichen und umweltfreundlicheren Verkehrsmitteln wie der Bahn oder alternative Mobilitätsformen wie das Car-Sharing, also das gemeinsame Nutzen von Autos, die einem Verein gehören, können hier ein Weg sein und sind heute schon gängige Praxis.

eigene Meinung
Mobilität als gesellschaftlicher Fortschritt; kann aber nicht unendlich wachsen

Perspektive:
vom Individualverkehr mit Autos hin zu öffentlichen und umweltfreundlicheren Verkehrsmitteln

Abschlussprüfung der 10. Klasse an Werkrealschulen in Baden-Württemberg
Deutsch 2010

Heimat

Die folgenden Texte befassen sich mit dem Themenbereich „Heimat".
Lesen Sie die Texte genau durch und bearbeiten Sie dann die Aufgaben.
Die Bearbeitung der Aufgaben in der vorgegebenen Reihenfolge ist hilfreich.
Sie können ein Rechtschreibwörterbuch verwenden.
Arbeitszeit: 240 Minuten

Text A: Heimat. Calw (Hermann Hesse 1877–1962)

Zwischen Bremen und Neapel, zwischen Wien und Singapore habe ich manche hübsche Stadt gesehen, Städte am Meer und Städte hoch auf den Bergen, und aus manchem Brunnen habe ich als Pilger einen Trunk getan, aus dem mir später das süße Gift des Heimwehs wurde.
Die schönste Stadt von allen aber, die ich kenne, ist Calw an der Nagold, ein kleines, schwäbisches Schwarzwaldstädtchen.
Wenn ich jetzt etwa wieder einmal nach Calw komme, dann gehe ich langsam vom Bahnhof hinabwärts, an der katholischen Kirche [...] vorbei und durch die Bischofstraße an der Nagold hin bis zum Weinsteg [...], dann über den Fluss und durch die untere Ledergasse, durch eine der steilen Seitengassen zum Marktplatz hinauf, unter der Halle des Rathauses durch, an den zwei mächtigen alten Brunnen vorbei, tue auch einen Blick hinauf gegen die alten Gebäude der Lateinschule, höre [...], wende mich wieder abwärts, und bleibe dann lang auf der Brücke stehen. Das ist mir der liebste Platz im Städtchen, der Domplatz von Florenz ist mir nichts dagegen.
Wenn ich nun von der schönen steinernen Brücke aus dem Fluss nachblicke, hinab und hinauf, dann sehe ich Häuser, von denen ich nicht weiß, wer in ihnen wohnt. Und wenn aus einem der Häuser ein hübsches Mädchen blickt (die es in Calw stets gegeben hat), dann weiß ich nicht, wie sie heißt.
Aber vor dreißig Jahren, da saß hinter allen diesen vielen Fenstern kein Mädchen und kein Mann, keine alte Frau, kein Hund und keine Katze, die ich nicht gekannt hätte. Über die Brücke lief kein Wagen und trabte kein Gaul, von dem ich nicht wusste, wem er gehörte. Und so kannte ich alles, die vielen Schulbuben und ihre Spiele und Spottnamen, die Bäckerläden und ihre Ware, die Metzger und ihre Hunde, die Bäume und die Maikäfer und Vögel und Nester darauf, die Stachelbeersorten in den Gärten. [...]
Aber wenn ich jetzt (wie es bis zum Krieg alle paar Jahre einmal geschah) wieder eine Viertelstunde auf der Brückenbrüstung sitze, über die ich als Knabe tausendmal meine Angelschnur hinabhängen hatte, dann fühle ich tief und mit einer wunderlichen Ergriffenheit, wie schön und merkwürdig dies Erlebnis für mich war einmal eine Heimat gehabt zu haben! Einmal an einem kleinen Ort der Erde alle Häuser und ihre Fenster und alle Leute dahinter gekannt zu haben! Einmal an einem bestimmten Ort dieser Erde gebunden gewesen zu sein, wie der Baum mit Wurzeln und Leben an seinen Ort gebunden ist.

Wenn ich ein Baum wäre, stünde ich noch dort. [...] Jetzt habe ich hie und da eine Nacht Heimweh nach Calw. Wohnte ich aber dort, so hätte ich jede Stunde des Tags und der Nacht Heimweh nach der schönen alten Zeit, die vor dreißig Jahren war und die längst unter den Bogen der alten Brücke hinweggeronnen ist. [...]

Nach: Hesse, Hermann: Heimat. Calw. In: ders.: Bilderbuch. Frankfurt: Suhrkamp 1958

Text B: Heimat (Thomas Gottschalk, geb. 1950)

Heimat ist für mich was anderes als zu Hause: Zu Hause bin ich, wo meine Familie ist und ich es mir gemütlich machen kann. Das kann in Kalifornien genauso gut sein wie am Ammersee. Aber beides ist nicht Heimat. Wenn ich depressiv gestimmt bin, was selbst mir passiert, oder wenn ich mich in mich selbst zurückziehe, dann finde ich mich oft in frühkindlichen Erinnerungen wieder. Das ist Kulmbach, die Landschaft, der Rehberg, die Plassenburg, bildhafte Erinnerungen also. Von der Pfarrkirche kommt mir der Altar in den Sinn, und ich erinnere mich an den abgestandenen Weihrauchgeruch, an dieses etwas langgezogene Orgelspiel des Herrn Hertl. In diesen Erinnerungen kann ich Ruhe finden, obwohl manches nur noch in Teilen besteht: Die Pfarrkirche, die etwas unglücklich renoviert wurde, existiert noch, der Herr Hertl nicht mehr. Die Strumpffabrik, die Färberei stehen nicht mehr, doch wenn ich an diesen Stätten vorbeigehe, zieht mir, einem Phantomschmerz gleich, immer noch der säuerliche Geruch der Färberei in die Nase. Hier finde ich einen Ausgangspunkt wieder. Da, wo alles begann, kann auch alles aufhören. Ich kann diese Bilder jederzeit abrufen, egal, wo ich mich auf der Welt befinde. Ich höre das Wehr am Schwimmbad rauschen, ich spüre diese Holzlatten unter meinen nackten Füßen. Damals war das Leben noch in Ordnung: keine Fehler, keine Verantwortung in jenen Tagen, Freiheit, Zukunft. Diese Erinnerungen geben mir ein Gefühl der Vertrautheit, sie beruhigen mich. Niemand kann es mir nehmen – das ist meine Heimat.

Nach: https://www.spiegel.de/reporter/0.1518.22862.00.html. Stand: 12. 8. 2008

Text C: über die heimat 1
(Nevfel A. Cumart, geb. 1964)

sie fragen mich
ob ich nicht wieder
zurückkehren will
in die heimat

ich frage mich
ob es ein
zurück gibt
in ein land
in dem es kein
beginn gab

Nach: Cumart, Nevfel: Zwei Welten:
Gedichte. Düsseldorf: Grupello 1996

Text D: Heimat (Anna Lu, geb. 1993)

„Ich bin ganz zu Hause in der lateinischen Grammatik", erklärte neulich meine Schwester. Das bedeutet kaum, dass sie sich in der Grammatik mit Sessel und Decke gemütlich eingerichtet hat. Nein – wer so etwas sagt, der fühlt sich wohl. Denn zu Hause und beheimatet zu sein, ist das, was einem ein besonderes Behagen gibt. Deshalb hat jeder Mensch mehr als nur ein Zuhause: Nicht nur Orte, sondern auch Leibspeisen, Lieder oder Menschen, Farben oder Gerüche machen das aus. So ist für den einen die Familie die Heimat, für den anderen auch die lateinische Sprache. Und noch viel mehr.

Meine Eltern kommen aus China. „Ist es nicht furchtbar, in Deutschland die Chinesin, in China die Deutsche zu sein?", werde ich manchmal gefragt. „Nein", sage ich dann und lache. „Ich habe nicht zweimal eine halbe, sondern zweimal eine ganze Heimat." Wer mir das nicht glaubt, dem sage ich: „Na gut – dann habe ich eben nur eine Heimat, und zwar die beste, die es gibt: die Welt." Darüber wundern sich manche Leute. Aber das wird sich ändern, denn mit der zunehmenden Globalisierung wird auch unser Heimatbegriff ausgeweitet. Und so kontrovers das Thema Globalisierung sein mag – eines ist sicher: Damit wird uns nicht mehr nur das eigene Land als schützenswert erscheinen. Damit dehnt sich unser Verantwortungsbereich aus, damit werden wir auf die Probleme in anderen Gegenden der Welt sensibilisiert. Und damit wird die Heimat wunderschön bunt.

Nach: http://www.schekker.de/content/meine-heimat-die-welt. Stand: 26.05.2010

Text E: Fast ein Lebenslauf
(Hilde Domin 1909–2006)

Wie ich, Hilde Domin,
die Augen öffnete, die verweinten,
in jenem Haus am Ende der Welt,
wo der Pfeffer wächst
und der Zucker und die Mangobäume,
aber die Rosen nur schwer
und Äpfel, Weizen und Birken gar nicht,
ich verwaist und vertrieben,
da stand ich auf und ging heim,
in das Wort.
„Ich richtete mir ein Zimmer ein
in der Luft / unter den Akrobaten und den Vögeln."
Von wo ich unvertreibbar bin.
Das Wort aber war das deutsche Wort.
Deswegen fuhr ich wieder zurück
über das Meer, dahin, wo das Wort lebt.

Nach: Domin, Hilde: Fast ein Lebenslauf.
In: Von der Natur nicht vorgesehen. Autobiographisches.
München: Piper 1974

Aufgaben

Punkte

Die Bearbeitung der Aufgaben in der vorgegebenen Reihenfolge ist hilfreich.

1. Hermann Hesse und Thomas Gottschalk setzen sich mit ihrer Heimat auseinander. In diesen Texten (Texte A und B) gibt es Gemeinsamkeiten und Unterschiede.

Stellen Sie diese Gemeinsamkeiten und Unterschiede in einer übersichtlichen Form dar (Texte A und B). Denken Sie an Sprache, Emotionen, Inhalte … 6

Pro Aspekt 0,5 Punkte
Darstellungsform: 1 Punkt

2. Auch Nevfel A. Cumart setzt sich mit dem Begriff Heimat auseinander.

Erklären Sie das Gedicht (Text C) und schreiben Sie Ihre Gedanken dazu ausführlich und in ganzen Sätzen auf. 4

3. a) Stellen Sie Anna Lus Gedanken (Text D) zur Heimat in Stichworten dar. 2

Pro Stichwort 0,5 Punkte

b) Setzen Sie sich kritisch mit Anna Lus Sichtweise auseinander. 3

4. Die Autorin Hilde Domin verwendet eine bildhafte Sprache. Die folgenden Zitate sind aus dem Text „Fast ein Lebenslauf“ entnommen (Text E).

„die Augen öffnete, die verweinten“
„wo der Pfeffer wächst“
„am Ende der Welt“
„ging heim, in das Wort“
„Ich richtete mir ein Zimmer ein in der Luft“
„unvertreibbar“
„das deutsche Wort“
„wo das Wort lebt“

a) Erklären Sie die Bedeutung dieser Sprachbilder in eigenen Worten. 4

b) Machen Sie deutlich, welche Bedeutung Heimat in diesem Gedicht hat. Schreiben Sie Ihre Überlegungen in vollständigen Sätzen auf. 2

Pro Aspekt 1 Punkt

5. Es wird ein landesweiter Schülerwettbewerb zum Thema „Heimat – ein Begriff mit vielen Gesichtern“ ausgeschrieben. Gefordert wird ein zusammenhängender Text, der verschiedene Blickwinkel berücksichtigt.

Schreiben Sie einen Beitrag, der für diesen Wettbewerb „Heimat – ein Begriff mit vielen Gesichtern“ geeignet ist.
Berücksichtigen Sie die verschiedenen Ansichten und Standpunkte aus den Texten A bis E. Stellen Sie auch Ihre eigene Sichtweise dar.

Schreiben Sie ausführlich und grammatikalisch richtig. Satzbau, Ausdruck und Rechtschreibung werden bei der Punktevergabe berücksichtigt. 19

Davon: Inhalt: 12
Sprache/Ausdruck: 7

Lösungen

1. **Hinweis:** *Um die beiden Texte zu vergleichen, musst du zunächst einmal jeden Text für sich danach abklopfen, welche Inhalte, Emotionen/Gedanken usw. der jeweilige Autor mit dem Thema „Heimat" verbindet und mit welchen sprachlichen Mitteln er das tut. Formuliere eine Art „Suchfrage", mit der du jeweils die Texte untersuchst (z. B.: „Mit welchen Dingen/ Gegenständen/Personen … verbindet der Autor Heimat?", „Werden Metaphern (Bilder) verwendet?", „Auf welchen Wahrnehmungsebenen werden die Eindrücke beschrieben?"). Die Aufgabe fordert eine übersichtliche Darstellung, daher ist es sinnvoll, eine Tabelle anzulegen. In der Senkrechten kannst du die Vergleichspunkte auflisten, in der Waagrechten kannst du dann jeweils die Gemeinsamkeiten und Unterschiede für beide Texte notieren, indem du Gemeinsames in die Mitte schreibst, Unterschiede dagegen in die jeweilige Spalte. Belege möglichst jeden Punkt mit einer Textstelle (Zeilenangabe), so kannst du sicher gehen, dass du nur das aufgreifst, was die Autoren auch tatsächlich schildern.*

<table>
<tr><th>TEXT</th><th>A: Hesse</th><th>B: Gottschalk</th></tr>
<tr><td rowspan="7">INHALTE</td><td colspan="2">Heimat ist eine Erinnerung an konkrete Orte und Personen</td></tr>
<tr><td>(Z. 6–22)</td><td>(Z. 5–7, Z. 10)</td></tr>
<tr><td>Heimatgefühl entsteht durch Vertrautheit mit Orten und Menschen (Z. 17–22)</td><td>Heimatgefühl entsteht durch Erinnerungen an die Kindheit (Z. 3–5)</td></tr>
<tr><td colspan="2">Der Gedanke an Heimat wird mit Kindheitserlebnissen verknüpft, z. B.</td></tr>
<tr><td>Kinderspiele (Z. 20)
Angeln an der Brücke (Z. 24/25)</td><td>Kirchenbesuch (Z. 6–8)
Schwimmbad (Z. 13/14)</td></tr>
<tr><td colspan="2">Heimat ist kein Ort in der Gegenwart, sondern in der Erinnerung</td></tr>
<tr><td>(Z. 30–33)</td><td>(Z. 12/13)</td></tr>
<tr><td rowspan="4">EMOTIONEN</td><td colspan="2">Heimaterinnerungen sind mit einem Gefühl von Vertrautheit verknüpft</td></tr>
<tr><td>(Z. 26/27)</td><td>(Z. 16/17)</td></tr>
<tr><td>Nur positive Erinnerungen (schöne Mädchen, Schulbuben, Spiele …) (Z. 14–22)</td><td>Auch unangenehme Erinnerungen (z. B. Färberei: säuerlicher Geruch) (Z. 10/11)</td></tr>
<tr><td>Heimat existiert nur noch als wehmütiges Gefühl von Heimweh nach der längst vergangenen Kindheit (Z. 30–33)</td><td>Heimat besteht in vertrauten Kindheitserinnerungen, die auch heute überall auf der Welt abgerufen werden können und die beruhigen (Z. 12/13, Z. 16/17)</td></tr>
<tr><td>SPRACHE</td><td>Metapher „Baum" – Heimat als Ort, in dem man verwurzelt ist und der Leben spendet (Z. 28–30)</td><td>Heimat wird auf unterschiedlichen Wahrnehmungsebenen beschrieben (Gerüche, Klänge …) (Z. 6/7, Z. 11, Z. 13/14)</td></tr>
</table>

2. **Hinweis:** *Lyrische Texte sind immer stark konstruiert, da sie auf knappem Raum und mit wenigen Worten eine möglichst dichte Aussage schaffen wollen. Jedes Wort ist daher sehr bewusst gesetzt. Ein Gedicht sollte man immer unter zwei Blickwinkeln betrachten:*
– auf der semantischen Ebene (Bedeutungsebene): Gibt es Metaphern (Bilder)? Gibt es begriffliche Zusammenhänge (z. B.: „zurück", „zurückkehren", „Beginn")? …
– auf der formalen Ebene: Gibt es Reime oder Alliterationen (Wörter, die mit dem gleichen Buchstaben/Laut beginnen)? Welches Metrum/welchen Rhythmus hat der Text? …
Wenn in einem lyrischen Text das Wort „ich" steht, heißt das nicht, dass hier der Autor als Person über sich selbst Aussagen macht. Vielmehr spricht man dann vom sog. „lyrischen Ich" – damit ist eine fiktive Figur oder eine Art „Sprecher" gemeint, dem der Autor Gedanken und Gefühle in den Mund legt, die nicht unbedingt seine eigenen sein müssen.

Nevfel A. Cumart setzt in der ersten Strophe seines Gedichts den Begriff „Heimat" mit „Herkunft" gleich. Die Strophe besteht aus der Frage an das lyrische Ich, ob es „nicht wieder zurückkehren will in die heimat" (Z. 2–4). Die Begriffe „zurückkehren" bzw. „Rückkehr" bilden die Gegenbegriffe zu „herkommen" oder „Herkunft" und „Heimat". Damit wird dem lyrischen Ich unterstellt, dass es anderswo hergekommen ist und seine Heimat nicht an dem Ort sein kann, an dem es sich gerade befindet. Dahinter verbirgt sich eine Vorstellung von Heimat, die stark mit Geburt und Nationalität zusammenhängt. Wer beispielsweise in der Türkei geboren wurde, bleibt nach dieser Sichtweise immer Türke oder Türkin, selbst wenn er oder sie schon als Kind nach Deutschland kam und hier seit vielen Jahren lebt. Heimat wird auf den Ort, aus dem man stammt, reduziert, und nicht mit dem Ort verbunden, an dem man den Großteil oder die prägendste Zeit des Lebens verbracht hat.
Auf dieses Verständnis von Heimat antwortet das lyrische Ich in der zweiten Strophe, die durch einen Parallelismus mit der ersten Strophe verknüpft ist. Beide Strophen bestehen jeweils aus einem Satz mit ähnlicher Struktur und gleichen Versanfängen. Die zweite Strophe unterscheidet sich vor allem durch das Personalpronomen: „*sie* fragen mich" (Z. 1) – „*ich* frage mich" (Z. 5). Damit wird deutlich, dass hier der Heimatbegriff aus einer anderen Perspektive gedeutet wird: Die „heimat" (Z. 4) aus der ersten Strophe ist für das lyrische Ich „ein land in dem es kein beginn gab" (Z. 8–10).
Die zweite Strophe bezieht ihre Spannung aus dem Kontrast zwischen „zurück" (Z. 7) und „beginn" (Z. 10). Heimat wird mit dem Beginn des Lebens assoziiert. Zum Beispiel sind viele Menschen mit Migrationshintergrund bereits in jungen Jahren nach Deutschland gekommen oder sogar hier geboren worden. Sie haben hier den größten Teil ihres Lebens verbracht, sind durch deutsche Schulen, deutsches Fernsehen, deutsche Gewohnheiten geprägt worden, sprechen Deutsch oft besser als ihre Herkunftssprache und kennen ihre Herkunftsländer meist nur dem Urlaub. Dieser Heimatbegriff kann aber noch weitergehend verstanden werden, wenn man „Beginn" auch im Sinne von „Chancen" sieht. Die Strophe kann sich dann beispielsweise auch auf politische Flüchtlinge beziehen, die sich fragen, ob sie ein Land als ihre Heimat ansehen, das sie aller Lebens- und Entwicklungschancen beraubt hat.
Bezeichnenderweise stellt das lyrische Ich die Frage in der zweiten Strophe nicht als Gegenfrage an die Fragenden der ersten Strophe („sie", Z. 1), sondern an sich selbst. Hier spiegelt sich die starke innere Auseinandersetzung der Menschen mit Migrationshintergrund mit der Problematik des Heimatbegriffs wider, denn sie sehen sich meist in zwei Ländern oder Kulturen verwurzelt oder gar irgendwo dazwischen.

3. **Hinweis:** *Im ersten Teil der Aufgabe geht es darum, die wesentlichen Gedanken der Autorin zum Thema „Heimat" in Stichworten zusammenzufassen. Zum Teil kannst du die Informationen direkt aus dem Text übernehmen, manchmal ist es aber auch notwendig sie mit eigenen Worten umzuformulieren. Es kann hilfreich sein, jeden neuen Gedanken im Text farbig zu unterstreichen, um dann in einem nächsten Schritt ans Formulieren der Stichworte zu gehen.*
Im zweiten Teil der Aufgabe sollst du Stellung zur Sichtweise der Autorin nehmen. Welche ihrer Meinungen zum Thema teilst du? Wo bist du anderer Ansicht? Dazu brauchst du Formulierungen, die deine eigene Meinung kenntlich machen (z. B. „Ich teile die Ansicht der Autorin, dass ...", „Ich kann der Autorin nicht darin zustimmen, dass ...", „Die Autorin hat recht, wenn sie sagt ..."). Greife die Stichworte aus Teilaufgabe a auf und bestätige bzw. widerlege sie.

a) Anna Lus Verständnis von Heimat:
   - Heimat muss kein Ort sein, sondern sie kann ganz allgemein etwas sein, womit man sich wohlfühlt und das Behagen vermittelt (vgl. Z. 3–7).
   - Jeder hat mehr als nur eine Heimat/ein Zuhause (vgl. Z. 4).
   - Migranten, die sich mit zwei Ländern/Kulturen verbunden fühlen, sind besonders reich, weil sie zwei Heimaten zugleich haben (vgl. Z. 9/10).
   - In Zeiten der Globalisierung sollte sich der Heimatbegriff auf die ganze Welt beziehen (vgl. Z. 12/13).
   - Wer etwas als seine Heimat betrachtet, fühlt sich auch dafür verantwortlich/hält es für schützenswert (vgl. Z. 14–16).

b) Ich stimme der Autorin zu, dass Heimat nicht nur ein Ort sein muss, sondern allgemein ein Gefühl von Geborgenheit und Behaglichkeit ist, das durch viele Dinge und insbesondere durch Menschen vermittelt werden kann. Menschen, Lieder oder auch Leibspeisen lösen oft ein vertrautes, heimatliches Gefühl aus, weil sie mit bestimmten Erinnerungen aus der eigenen Vergangenheit, oft aus der Kindheit, verknüpft sind.
Ich teile auch Lus Meinung, dass es eine Bereicherung ist, sich in zwei Ländern heimisch zu fühlen. Sie macht damit deutlich, dass es nicht darauf ankommt, ob andere einen als „Ausländer" oder „Einheimischen" ansehen, sondern allein auf das Gefühl, das man selbst zu einem Land, dessen Sprache und dessen Kultur entwickelt.
Ihre Ansicht, dass ein Mensch nur bereit ist, für seine Heimat Verantwortung zu übernehmen und sie als schützenswert zu betrachten, halte ich dagegen für schwierig. Ich bin der Auffassung, dass die Autorin den Heimatbegriff hier zu sehr ausdehnt und damit beliebig macht. Man kann auch für Dinge und Orte, die einem nicht vertraut sind, Verantwortung übernehmen und erkennen, dass sie lebensnotwendig sind und Schutz brauchen (z. B. der Regenwald). Meiner Meinung nach hat das weniger mit Heimatgefühl zu tun, als mit dem Wissen um die Wichtigkeit unserer Lebensgrundlagen.

4. **Hinweis:** *Sprachliche Bilder sind Stilmittel, die v. a. in lyrischen Texten häufig vorkommen. In Teilaufgabe a sollst du die Bedeutung der Sprachbilder entschlüsseln. Zu den bekanntesten Formen der sprachlichen Bilder gehören folgende:*

- *Metapher: Die Bedeutung eines Begriffs wird aus seinem eigentlichen Kontext gelöst und in einen anderen Kontext übertragen, z. B.: „Wüstenschiff" für Kamel – das Schaukeln eines Schiffes auf den Wellen wird auf die Fortbewegungsart eines Kamels übertragen.*
- *Vergleich: Ein Vergleich ist meist gekennzeichnet durch „wie" oder „als", z. B.: „er war stark wie ein Löwe".*
- *Metonymie: Ein Bild ersetzt einen anderen Begriff, zu dem es aber in enger Beziehung steht, z. B.: „er las den Goethe" – der Autor wird stellvertretend für sein Stück genannt.*
- *Personifikation: Einem Tier oder Gegenstand werden menschliche Eigenschaften zugewiesen, z. B.: „die Sonne lacht".*

In Teilaufgabe b sollst du beschreiben, welches Verständnis von Heimat die Autorin hat. Die Erklärungen der Sprachbilder aus Teilaufgabe a helfen dir dabei.

Die Überschrift „Fast ein Lebenslauf" und auch die erste Zeile machen deutlich, dass das Gedicht einen biografischen Hintergrund hat. Damit sind zwei Lesarten möglich:

Zum einen kann man den „Lebenslauf" als mit der Geburt beginnend begreifen. Dann wäre das lyrische Ich offensichtlich an diesem Ort „am Ende der Welt" geboren.

Kennt man Hilde Domins biografischen Hintergrund (sie war während des Nationalsozialismus im Exil in der Dominikanischen Republik), kann man zum anderen das Öffnen der Augen als eine Art Aufwachen nach Flucht und Vertreibung und als Wiedergeburt in der Freiheit verstehen. Da dir die Aufgabenstellung keinen Hinweis auf den biografischen Hintergrund der Autorin gibt, musst du diesen aber nicht zwingend einfließen lassen.

In beiden Lesarten wird deutlich, dass das lyrische Ich seine eigentliche Heimat in der deutschen Sprache sieht, egal woher es letztlich stammt oder wo es geboren wurde. Dieses Heimatverständnis sollte unabhängig von der Lesart herausgearbeitet werden.

Denke daran, dass du deine Aussagen mit Textstellen belegst.

a) – *„die Augen öffnete, die verweinten"*

Gemeint ist nicht der eigentliche Vorgang des Augenöffnens, sondern die Geburt als Moment, in dem ein Mensch zum ersten Mal im Leben die Augen öffnet – v. a. auch mit Blick auf die Überschrift: Ein Lebenslauf beginnt mit der Geburt.

Die verweinten Augen verweisen auf Trauer bzw. Traurigkeit. Dies lässt vermuten, dass die Autorin ihre Geburt als einen traurigen Moment in ihrem Leben betrachtet.

Weiß man allerdings, dass Hilde Domin während der Zeit des Nationalsozialismus einige Jahre im Exil in der Dominikanischen Republik gelebt hat, gewinnt das Bild eine andere Bedeutung: das Öffnen der verweinten Augen nach einem fürchterlichen Albtraum (nach der Vertreibung aus der Heimat).

– *„wo der Pfeffer wächst"*

Pfeffer ist ein Gewürz, das Handelsreisende vor vielen Jahrhunderten erstmals aus Ländern wie Indien nach Europa brachten. In der damaligen Vorstellung der Menschen mussten dazu unglaublich große Entfernungen überwunden werden, da diese Reisen auf dem Landweg oder mit Segelschiffen oft viele Monate oder sogar Jahre dauerten. Der Ort, „wo der Pfeffer wächst", ist also gleichbedeutend mit einem sehr weit entfernten und entlegenen Ort.

- *„am Ende der Welt“*
  Da die Erde bekanntermaßen die Form einer Kugel hat, kann sie eigentlich kein Ende haben. Die Vorstellung vom Ende der Welt stammt aus einer früheren Zeit, als die Menschen noch dachten, die Erde sei eine Scheibe, an deren Ende (Kante) es nicht mehr weitergeht. Im übertragenen Sinne steht dieses Bild für sehr entlegene Orte, an denen man das Gefühl hat, dass alle Wege und Straßen aufhören und danach nichts mehr kommt.
- *„ging heim, in das Wort“*
  „Heimgehen“ kann man normalerweise zu einem Ort, in eine bestimmte Stadt, in ein Haus oder in eine Wohnung – zu dem Ort, an dem man sich zu Hause und geborgen fühlt. Das „Wort“ steht hier stellvertretend für die Sprache insgesamt (Metonymie). „Ins Wort heimgehen“ bedeutet, sich in der Sprache zu Hause und sicher fühlen. Die Sprache ist hier also etwas, das Sicherheit und Schutz wie ein vertrautes Haus bietet.
- *„Ich richtete mir ein Zimmer ein in der Luft“*
  Das Bild vom „Zimmer in der Luft“ spielt mit der Idee eines Zuhauses, macht aber deutlich, dass das Zuhause bzw. die Heimat kein konkreter Ort ist, zugleich jedoch auf der ganzen Welt sein kann, denn ein „Luftzimmer“ lässt sich überall einrichten.
- *„unvertreibbar“*
  Wenn die Autorin „das Wort“ für „unvertreibbar“ hält, dann personifiziert sie die Sprache. Anders als aus einem konkreten Ort (einem Haus, einer Stadt oder einem Land), kann man aus seiner eigenen Sprache nicht vertrieben werden. Man behält sie immer und kann sie an jeden Ort der Welt mitnehmen.
- *„das deutsche Wort“*
  Das Bild ist eine Metonymie: Das deutsche Wort steht stellvertretend für die deutsche Sprache.
- *„wo das Wort lebt“*
  Die Sprache wird personifiziert („lebt“) und zugleich wieder einem Ort zugewiesen, denn scheinbar gibt es aus Sicht der Autorin nur bestimmte Orte, an denen die Sprache lebendig ist. Im Kontext des Gedichts liegt es nahe, dass sie damit Deutschland meint, dass also die deutsche Sprache nur in Deutschland „lebt“.

b) Das lyrische Ich, das sich gleich in der ersten Zeile als die Autorin selbst zu erkennen gibt, befindet sich an einem fremden, exotischen Ort „am Ende der Welt, wo der Pfeffer wächst“ (Z. 3/4). Der Ort scheint der Ort ihrer Geburt bzw. „Wiedergeburt“ nach der Vertreibung zu sein, darauf verweisen sowohl das Öffnen der Augen (vgl. Z. 2) wie auch die Überschrift, denn ein „Lebenslauf“ beginnt üblicherweise mit der Angabe des Geburtsorts. Auch Domin trifft damit eine Unterscheidung zwischen „Herkunft“ und „Heimat“. Dass der Aufenthalt an dem fremden Ort kein freiwilliger ist, zeigen die „verweinten“ Augen (Z. 2). Hilde Domin fühlt sich an dem fernen geografischen Ort „verwaist und vertrieben“ (Z. 8), sie ist dort allein und nicht heimisch. Um sich geborgen zu fühlen, geht sie „heim, in das Wort“ (Z. 9/10). „Das deutsche Wort“ (Z. 14), das stellvertretend für die deutsche Sprache steht, gibt der Autorin das Gefühl von Heimat. Ihre Muttersprache ist für sie wie ein geschützter Rückzugsort, ein Zimmer „in der Luft“ (Z. 12), das zwar nur in ihrer Vorstellung besteht, das sie aber überall auf der Welt betreten kann und von dem sie „unvertreibbar“ (Z. 13) ist. Letztlich kehrt sie dorthin zurück, „wo das Wort lebt“ (Z. 16), wo ihre Sprache auch von den Menschen des Landes gesprochen und verstanden wird. Hilde Domin verknüpft Heimat somit durchaus auch mit einem Ort (Deutschland), aber die eigentliche Heimat macht für sie nicht der Ort, sondern die Sprache aus.

5. **Hinweis:** *Bei der abschließenden Aufgabe musst du einen längeren Text schreiben. Überlege zunächst, welche Textsorte hier von dir verlangt wird. Für den Wettbewerbsbeitrag zum Thema „Heimat – ein Begriff mit vielen Gesichtern“ schreibst du eine sogenannte lineare Erörterung. Das bedeutet, dass der im Thema formulierte Sachverhalt grundsätzlich unstrittig ist und du eine kooperative und sachbezogene Haltung zum Thema einnimmst. (In einer dialektischen Erörterung wäre das anders: In diesem Fall wäre das Thema strittig und du müsstest kritisch und konstruktiv verschiedene Sichtweisen und Standpunkte dazu beleuchten.)*
Als Grundlage für deinen Aufsatz dienen dir die Texte A–E. Untersuche sie hinsichtlich ihrer verschiedenen Blickwinkel zum Thema „Heimat“. Ordne die gesammelten Aspekte z. B. in Form einer Tabelle oder einer Mindmap. Versuche, einzelne Punkte unter jeweiligen Oberbegriffen zusammenzufassen. Deine Arbeitsergebnisse aus den Aufgaben 1–4 helfen dir dabei.
Aus deiner Stoffordnung kannst du dann leicht die Gliederung des Aufsatzes entwickeln. Gängige Gliederungsprinzipien sind beispielsweise: vom weniger Wichtigen zum Wichtigen, vom Naheliegenden zum Fernen, vom Besonderen zum Allgemeinen. In der vorliegenden Aufgabe kannst du auch die Reihenfolge der Texte als Gliederungsprinzip verwenden.

Beispiel für eine mögliche Stoffordnung:

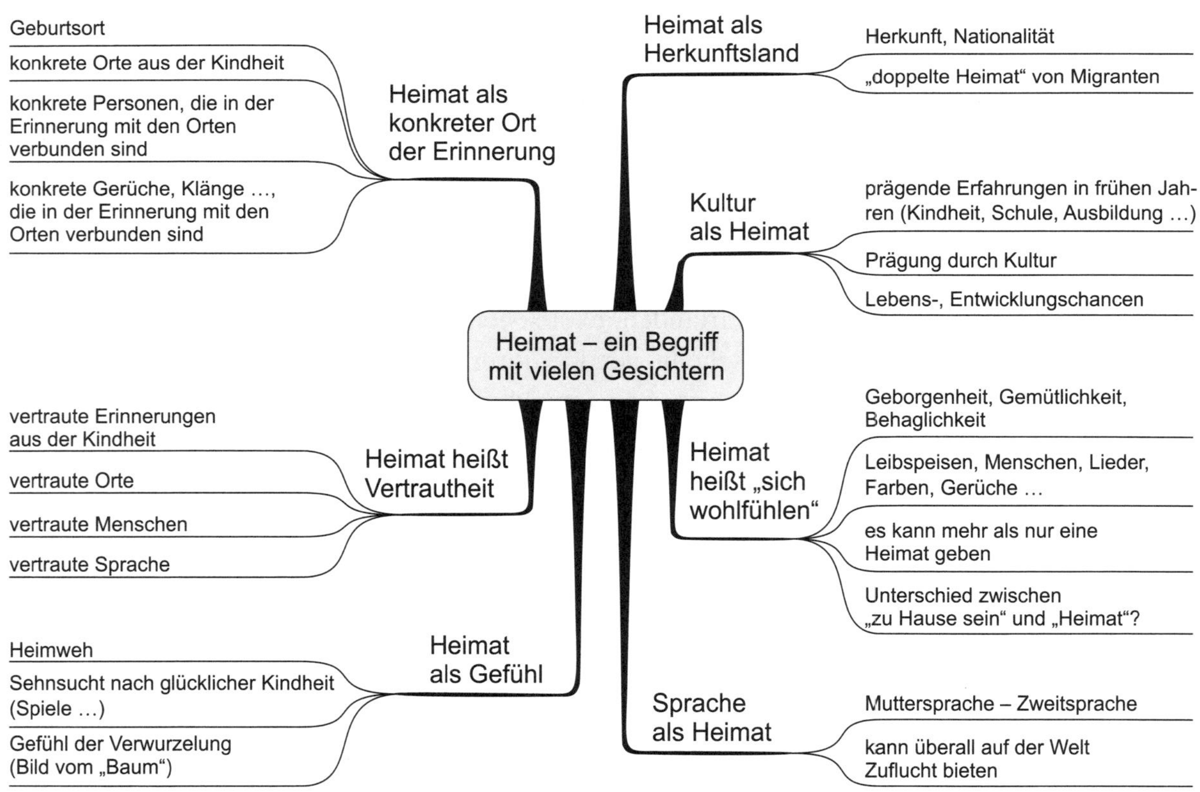

Vertraute Heimat

Je mehr Menschen man fragt, was „Heimat" für sie bedeutet, umso vielfältiger werden die Antworten sein. Beispielsweise würden die beiden Politiker Angela Merkel und Cem Özdemir vermutlich sehr unterschiedliche Antworten darauf geben, was sie unter Heimat, unter „ihrer Heimat" verstehen. Das hat ganz sicher nicht nur etwas mit ihren verschiedenen Parteiprogrammen zu tun, sondern vor allem mit dem persönlichen Lebenslauf und den jeweiligen Erfahrungen. „Heimat" ist „ein Begriff mit vielen Gesichtern", der je nach Blickwinkel und eigenen Erfahrungen anders verstanden und empfunden wird.

Einleitung
Hinführung zum Thema; Aufmerksamkeit beim Leser wecken

Das Gefühl von Heimat ist meist stark mit dem Ort der Kindheit verknüpft, der unzählige Erinnerungen an Plätze, Personen, Erlebnisse, Gerüche u. Ä. in sich birgt. Diese Erinnerungen können sehr schön (z. B. Freundschaften, Kinderspiele), manchmal aber auch unangenehm (z. B. der strenge Lehrer) sein.

1. Sichtweise
Heimat als konkreter Ort der Erinnerung

In jedem Fall rufen die Erinnerungen an die Heimat ein Gefühl der Vertrautheit wach, ganz gleich, an welchem Ort der Welt man sich gerade befindet. Ein Grund dafür ist sicher auch die Sehnsucht nach der kindlichen Unbeschwertheit, als das Leben in vertrauter Umgebung noch überschaubar und durch die Unterstützung von vertrauten Personen größtenteils sorgenfrei war.

2. Sichtweise
Heimat heißt Vertrautheit

Mit dieser Sehnsucht nach der unbeschwerten, positiv erlebten Kindheit ist oft auch ein Gefühl von Heimweh nach dem geschützten Heimatort verbunden. Mit der Heimat bleibt man sein Leben lang verwurzelt. Wie die Wurzeln eines Baumes bietet das Heimatgefühl Stabilität und damit auch Schutz und Kraft im Leben.

3. Sichtweise
Heimat als Gefühl

In der Regel sammelt man am Ort der Geburt bzw. der Kindheit wichtige Erfahrungen in Familie, Schule und Gesellschaft, die die ersten entscheidenden Schritte ins Leben prägen. Dabei formt einen Menschen aber nicht der eigentliche Ort, sondern die gesamte Kultur einer Gesellschaft und die Entwicklungsmöglichkeiten, die sie für Heranwachsende bereithält.

4. Sichtweise
Kultur als Heimat

Für Menschen mit Migrationshintergrund ist diese Sichtweise jedoch zu ungenau. Sie möchten sich nicht auf eine Heimat reduzieren lassen, denn sie fühlen sich sowohl in der Kultur, der Sprache und den Traditionen ihrer Familien und Herkunftsländer wie auch in der Kultur des Landes verwurzelt, in dem sie die überwiegende Zeit ihres Lebens verbringen. Viele Flüchtlinge mussten ihre Herkunftsländer deshalb verlassen, weil sie dort ihrer Lebensgrundlage beraubt wurden. Gerade für sie ist das Gefühl von Heimat in viel stärkerem Maße mit dem Ort verknüpft, an dem sich für sie nach ihrer Flucht neue Lebenschancen eröffnet haben.

5. Sichtweise
Heimat als Herkunftsland

Insgesamt wird deutlich, dass es für manche Menschen mehr als nur eine Heimat geben kann. Dies gilt umso mehr, wenn man den Begriff von Heimat noch weiter fasst und darunter auch Situationen versteht, in denen man sich behaglich oder wohl fühlt. Bei dieser Sichtweise kann bereits ein Lied

6. Sichtweise
Heimat heißt „sich wohlfühlen"

oder eine bestimmte Speise ein Gefühl von Heimat auslösen. Das funktioniert in der Regel deshalb, weil damit wiederum bestimmte Erinnerungen (insbesondere an die Kindheit) verknüpft sind, die das bereits angesprochene Gefühl von Vertrautheit oder Geborgenheit vermitteln. Dieses Verständnis von Heimat ähnelt dem Gedanken, „sich an einem Ort oder in etwas sicher/zu Hause zu fühlen“, von dem es nicht mehr eindeutig unterschieden werden kann.

7. Sichtweise
Sprache als Heimat

Einige Menschen gehen sogar noch einen Schritt weiter und verknüpfen das Gefühl von Heimat weder mit konkreten Orten, Personen, Gegenständen oder Kindheitserlebnissen, sondern sehen ihre Muttersprache als ihre Heimat an. Gerade für Menschen, die viel mit Sprache arbeiten wie z. B. Schriftsteller, liegt diese Vorstellung nahe. Aber auch viele andere Menschen betrachten die Sprache, die sie als Kind zuerst erworben haben, als ihre Heimat, denn zum einen prägt diese Sprache das Denken und verleiht damit Freiheit und Unabhängigkeit, zum anderen begleitet sie einen überallhin und vermittelt dadurch Vertrautheit und Geborgenheit an jedem Ort der Welt.

Schlussgedanke

So unterschiedlich sich die verschiedenen Vorstellungen von Heimat auch anhören mögen, so gleichen sie sich doch alle in ihrem Kern: In allen Gedanken zum Begriff „Heimat“ steckt die Idee von Vertrautheit, Sicherheit und Geborgenheit, ganz gleich, ob es sich dabei um einen Ort, eine Erinnerung oder die eigene Sprache handelt. Wahrscheinlich ist es deshalb für alle Menschen auch so wichtig, eine Heimat zu haben bzw. eine Heimat für sich zu definieren, wie auch immer diese aussehen mag.

Sport

Die folgenden Texte befassen sich mit dem Themenbereich „Sport“.
Lesen Sie die Texte genau durch und bearbeiten Sie dann die Aufgaben.
Die Bearbeitung der Aufgaben in der vorgegebenen Reihenfolge ist hilfreich.
Sie können ein Rechtschreibwörterbuch verwenden.
Arbeitszeit: 240 Minuten

Text A: Ruf zum Sport (Joachim Ringelnatz 1883–1934)

Auf, ihr steifen und verdorrten
Leute aus Büros,
reißt euch mal zum Wintersporten
von den Öfen los.

Bleiches Volk an Wirtshaustischen,
stellt die Gläser fort.
Widme dich dem freien, frischen,
frohen Wintersport.

Denn er führt ins lodenfreie
Gletscherfexlertum[1]
und bedeckt uns nach der Reihe
all mit Schnee und Ruhm.

Doch nicht nur der Sport im Winter,
jeder Sport ist plus,
und mit etwas Geist dahinter
wird er zum Genuss:

Sport macht Schwache selbstbewusster,
Dicke dünn, und macht
Dünne hinterher robuster,
gleichsam über Nacht.

Sport stärkt Arme, Rumpf und Beine,
kürzt die öde Zeit,
und er schützt uns durch Vereine
vor der Einsamkeit,

nimmt den Lungen die verbrauchte
Luft, gibt Appetit;
was uns wieder ins verrauchte
treue Wirtshaus zieht.

Wo man dann die sporttrainierten
Muskeln trotzig hebt
und fortan in illustrierten
Blättern weiterlebt.

Nach: Ringelnatz, Joachim: „Und auf einmal steht es neben dir.“ Karl Henssel Verlag, Berlin, 1961

1 *lodenfreie Gletscherfexlertum:* sich leicht bekleidet auf dem Gletscher bewegen

Text B: Olympische Verlierer (Horst Vetten)

Hier ist die Geschichte olympischer Verlierer, aber sie zeichnet das Bild der Spiele schärfer als die Porträts der Sieger.

Eine von ihnen, Ingrid Becker, blass, nervös, saß mit zuckendem Mund unter einem Dutzend Reporter, die sie fragten, wie sich ein Mensch fühle, der um zwei Zentimeter eine Medaille verpasst hat. „Warum fragen alle danach?“ sagte sie bitter, und es stand zu befürchten, dass sich ihre Augen sogleich mit Tränen füllen würden, „warum reden alle immer nur von diesen zwei Zentimetern?“ Sie war zum zweiten Mal in ihrem Leben 6,40 Meter weit gesprungen, im sechsten Versuch, bei dem sie alles auf eine Karte setzen musste. Sie guckte den Kampfrichtern über die Schulter. Dass ihr Sprung um 6,40 Meter weit gewesen war, sah sie selbst. Aber nun zählten nicht mehr die Meter. Im Kreise der großen Athleten entscheiden Nuancen. Zentimeter mehr oder Zentimeter weniger bedeuten Bronze oder nichts, den Gang aufs Podest oder das Verbleiben in der anonymen Heerschar. „6,40 Meter“, sagte der Kampfrichter. Sie wandte sich wortlos um.

Von diesem Moment an lief Ingrid Becker Spießruten. Das Mitleid hing ihr an, wohin sie auch ging, überall standen Freunde, aufrichtige und weniger ehrliche, fremde und Funktionäre, Konkurrentinnen und Journalisten, und Ingrid Becker – soeben viertbeste Weitspringerin der Welt geworden – sah in lauter teilnahmsvolle Gesichter und hörte fortgesetzt das Gleiche: „So ein Pech, zwei Zentimeter, man soll's nicht glauben, wie fühlt man sich, wenn man um zwei Zentimeter eine Medaille verpasst?“ Sie wurde zu einer Pressekonferenz gezerrt, dort empfing sie das Schweigen einer Trauergemeinde. Sie, deren Gesicht sich während der letzten zwei Stunden verhärtet hatte, geriet angesichts des geballten Mitgefühls aus der Fassung: „Warum fragt ihr alle nach dem Gefühl? Nichts fühle ich, nichts.“

Bis zwei Stunden nach dem Wettkampf einer auf sie zutrat und mit der ganzen Unbefangenheit des Laien sagte: „Welch herrliche Sache, Fräulein Becker, dieser vierte Platz unter den Besten der Welt, das muss ja ein wunderbares Gefühl sein.“ Ingrid Becker guckte den Menschen genau an, als wolle sie sich sein Gesicht gut merken, und sagte dann langsam: „Wissen Sie, dass Sie der erste sind, der mir das heute sagt?“

Nach: Vetten, Horst: Olympische Verlierer. Aus: Frankfurter Allgemeine Zeitung, 14. 10. 1964

Text C: Der Kinderturner (Erich Kästner 1899–1974)

Ein Jahr, bevor ich zur Schule kam, wurde ich, mit knapp sechs Jahren, das jüngste Mitglied des Turnvereins. Ich hatte meiner Mutter keine Ruhe gelassen. Sie war strikt dagegen gewesen. Ich sei noch zu klein. Ich hatte sie gequält, bestürmt, belästigt und umgaukelt. „Du musst warten, bis du sieben Jahre alt bist“, hatte sie immer wieder geantwortet.

Und eines Tages standen wir, in der kleineren der zwei Turnhallen, vor Herrn Zacharias. Die Knabenriege machte gerade Freiübungen. Er fragte: „Wie alt ist denn der Junge?“ „Sechs“, gab sie zur Antwort. Er sagte: „Du musst warten, bis du sieben Jahre alt bist.“ Da nahm ich die Hände, ordnungsgemäß zu Fäusten geballt, vor die Brust, sprang in die Grätsche und turnte ihm ein gymnastisches Solo vor! Er lachte. Die Knabenriege lachte. Die Halle hallte vor fröhlichem Gelächter. Und Herr Zacharias sagte zu meiner verdatterten Mama: „Also gut, kaufen Sie ihm ein Paar Turnschuhe! Am Mittwoch um drei ist die erste Stunde!“ Ich war selig. Wir gingen ins nächste Schuhgeschäft. Abends wollte ich mit den Turnschuhen ins Bett. Am Mittwoch war ich eine Stunde zu früh in der Halle. Und was, glaubt ihr, war der Herr Zacharias von Beruf? Lehrer war er, natürlich. Seminarlehrer. Als Seminarist wurde ich sein Schüler. Und er lachte noch manches Mal, wenn er von unserer ersten Begegnung sprach. Ich war ein begeisterter Turner, und ich wurde ein ziemlich guter Turner. Mit eisernen Hanteln, mit hölzernen Keulen, an Kletterstangen, an den Ringen, am Barren, am Reck, am Pferd, am Kasten und schließlich am Hochreck. Das Hochreck wurde mein Lieblingsgerät. Später, viel später. Ich genoss die Schwünge, Kippen, Stemmen, Hocken, Grätschen, Kniewellen, Flanken und, aus dem schwungvollen Kniehang, das Fliegen durch die Luft mit der in Kniebeuge und Stand abschließenden Landung auf der Kokosmatte. Es ist herrlich, wenn der Körper, im rhythmischen Schwung, leichter und leichter wird, bis er fast nichts mehr zu wiegen scheint und, nur von den Händen schmiegsam festgehalten, in eleganten und phantasievollen Kurven eine biegsame feste Eisenstange umtanzt! Ich wurde ein ziemlich guter Turner. Ich glänzte beim Schauturnen. Ich wurde Vorturner. Aber ein sehr guter Turner wurde ich nicht. Denn ich hatte Angst vor der Riesenwelle[1]! Ich wusste auch, warum. Ich war einmal dabei gewesen, als ein anderer während einer Riesenwelle, in vollem Schwung, den Halt verlor und kopfüber vom Hochreck stürzte. Die Kameraden, die zur Hilfestellung bereitstanden, konnten ihn nicht auffangen. Er wurde ins Krankenhaus gebracht. Und die Riesenwelle und ich gingen einander zeitlebens aus dem Wege. Ich bekam die Angst vor der Riesenwelle nicht aus den Kleidern. Und so war mir die Blamage immer noch ein bisschen lieber als ein Schädelbruch. Hatte ich recht? Ich hatte recht.

Ich wollte turnen und turnte, weil es mich freute. Ich wollte kein Held sein oder werden. Und ich bin auch keiner geworden. Kein falscher Held und kein echter Held. Wisst ihr den Unterschied?

Nach: Kästner, Erich: Der Kinderturner. In: Als ich ein kleiner Junge war. Atrium Verlag 1996

1 *Riesenwelle:* Schwer zu turnende Übung am Hochreck

Text D: „Manche Viertklässler kommen keine Sprossenwand hoch“ (Sportwissenschaftlerin Monika S. im Gespräch mit der Süddeutschen Zeitung [SZ])

SZ: Trotz Sportunterricht werden Grundschüler immer unbeweglicher. Also besser in den Sportverein?

M.S.: Ja, die Regelmäßigkeit ist ein großer Vorteil, auch wir Erwachsenen brauchen doch feste Termine. Das Wichtigste ist aber, Spaß mit Freunden zu haben – und dabei noch zu lernen. Deshalb sind wohnortnahe Sportangebote wichtig. Die Schulen sollten verstärkt darauf aufmerksam machen und die Kontakte herstellen.

SZ: Welche Sportarten empfehlen Sie?

M.S.: Gerade die Jungen brauchen nicht nur leistungsorientierte Angebote. Ein übergewichtiger Junge wird im Fußballverein gern ins Tor geschickt und bei Turnieren nicht aufgestellt. Das grenzt aus und motiviert nicht. Die Vereine sollten neue Werte setzen und auch Gruppen anbieten, die mehr auf das Miteinander achten und weniger auf die Leistung. Mädchen mögen oft Tanz und Hip-Hop. Kampfsportarten und Klettern sind hoch im Kurs, auch Streetball, Basketball und Frauenfußball. Da fehlen ausreichende Angebote für Mädchen.

SZ: Dass Sport gesund ist, weiß jeder. Warum genau?

M.S.: Ein interessanter Aspekt: Wer übergewichtig ist und Sport macht, hat eine geringere gesundheitliche Gefährdung. Durch die körperliche Aktivität verändert sich der Stoffwechsel, die Gefäße werden weniger geschädigt und der Blutdruck normalisiert sich. Für Mädchen ist die Prävention der Osteoporose wichtig. Durch Sportarten, bei denen Kraft eine Rolle spielt, entstehen knochenwirksame Reize. Wie brüchig später die Knochen sind, entscheidet sich hauptsächlich im Alter zwischen zehn und zwanzig Jahren. Insgesamt wird deutlich: Aktive Menschen können durch sportliche Betätigungen Stresshormone schneller abbauen und sich deshalb in kürzerer Zeit entspannen. Nach zehn bis zwölf Wochen Ausdauertraining ist die Zahl der Antikörper deutlich gestiegen, was die Anfälligkeit für Krankheiten senkt. Das Ausdauertraining ist bei Depressiven genauso wirksam wie eine Medikamententherapie. Die sportlich aktiven Menschen steigern durch die regelmäßige Bewegung auch ihr Selbstwertgefühl und das allgemeine Wohlbefinden.

Nach: Steinkohl, Sibylle, Siegrist, Monika. Aus: Süddeutsche Zeitung, 29. 08. 2009

Text E: Dünger fürs Gehirn

Bei einer durchgeführten Studie bei Dritt- und Fünftklässlern beschleunigte sich aufgrund klassischer Sportübungen wie Laufen, Rumpfbeugen, Liegestütz eine Vielfalt von Denkprozessen – von mathematischem Können über logisches Denken bis hin zu Leseverhalten, allesamt Leistungen, die mehrere Gehirnregionen einbeziehen. So verbesserten schon kurze Aerobic-Übungen im Klassenzimmer, Bewegungspausen im Unterricht oder „bewegtes Sitzen“ auf wechselnden Schulmöbeln die Konzentration der Schüler deutlich. Mediziner empfehlen, dass sich Kinder und Jugendliche möglichst jeden Tag sportlich bewegen sollen – das macht aber nur jeder vierte Junge zwischen 11 und 17 Jahren. Bei den Mädchen schafft das sogar nur jedes sechste.

Nach: Stern. Gesund leben. Ein Magazin für Körper, Geist und Seele. Gruner und Jahr, 2009

Aufgaben

Punkte

Die Bearbeitung der Aufgaben in der vorgegebenen Reihenfolge ist hilfreich.

1. a) Joachim Ringelnatz (Text A) will beim Leser mit seiner bildhaften Sprache bestimmte Vorstellungen wecken.

Erklären Sie die folgenden Textstellen mit eigenen Worten.
- „steifen und verdorrten Leute“ (Zeilen 1–2)
- „von den Öfen los“ (Zeile 4)
- „bedeckt uns nach der Reihe all mit Schnee und Ruhm“ (Zeilen 11–12)
- „jeder Sport ist plus“ (Zeile 14)
- „mit etwas Geist dahinter wird er zum Genuss“ (Zeilen 15–16)
- „schützt uns durch Vereine vor der Einsamkeit“ (Zeilen 23–24)
- „fortan in illustrierten Blättern weiterlebt“ (Zeilen 31–32) 3,5

b) Im Gedicht „Ruf zum Sport“ (Text A) wird ein typisches Verhalten vieler Menschen deutlich. Beachten Sie besonders den Anfang und den Schluss des Gedichts.

Formulieren Sie, welches typische Verhalten hier dargestellt wird. 1,5

2. Die Texte „Olympische Verlierer“ (Text B) und „Der Kinderturner“ (Text C) zeigen unterschiedliche Zugangsweisen zum Sport auf. Die Texte unterscheiden sich hinsichtlich der dargestellten Ziele und der Stimmungen beziehungsweise Gefühle.

Vergleichen Sie diese zwei Zugangsweisen miteinander. Wählen Sie eine übersichtliche Form der Darstellung. 5

Davon: Darstellung 1 Punkt

3. Im Text C wird die Einstellung des Erzählers zum Turnen deutlich.

Formulieren Sie diese Einstellung mit eigenen Worten. 2

4. Erich Kästner setzt in dem Text „Der Kinderturner“ (Text C) unterschiedliche sprachliche Mittel ein.

Benennen Sie drei unterschiedliche Beispiele und belegen Sie diese mit einer entsprechenden Textstelle. 3

5. In den Texten D und E werden unterschiedliche Gesichtspunkte zum Thema Sport dargestellt.

Fassen Sie diese in Stichworten zusammen. Berücksichtigen Sie dabei beide Texte. 4

Pro Gesichtspunkt 1 Punkt

6. Eine Gruppe von engagierten Bürgerinnen und Bürgern möchte an der überregionalen Aktion „Unser Ort bewegt sich“ teilnehmen. Bei dieser Aktion soll es viele Bewegungsangebote für alle Gemeindemitglieder geben. Gemeinderat, Verwaltung, Vereine und Schulen müssen überzeugt werden, daran teilzunehmen.
Als Mitglied dieser Gruppe sollen Sie Ihre Mitschülerinnen und Mitschüler und die Schulleitung dafür begeistern, an diesen Aktionen mitzuwirken.

Entwerfen Sie einen Vortrag, in dem Sie für Ihr Vorhaben werben und Ihre Schulgemeinschaft davon überzeugen. Verwenden Sie Aspekte aller vorliegenden Texte.

Schreiben Sie ausführlich und grammatikalisch richtig. Satzbau, Ausdruck und Rechtschreibung werden bei der Punktevergabe berücksichtigt. 21

Davon: Inhalt: 8
Sprache/Ausdruck: 13

Lösungen

1. **Hinweis:** *Lyrische Texte verwenden oft eine bildhafte Sprache, da diese dem Autor die Möglichkeit bietet, auf knappem Raum und mit wenigen Worten eine möglichst dichte Aussage zu schaffen. Sprachbilder (z. B. Metaphern) gebrauchen ein Wort nicht nur in seiner wörtlichen Bedeutung, sondern übertragen das Bild in eine neue Bedeutung. Sagt man zum Beispiel, dass jemand eine Sportskanone sei, dann überträgt man das Bild einer Kanone, die schnell und weit schießen kann, auf jemanden, der sehr gut im Sport ist. Metaphern kann man oft auch in einen Vergleich umformulieren: derjenige ist im Sport so schnell/gut/... wie eine Kanone. Das Umformulieren in einen Vergleich ist eine gute Hilfe, um ein Sprachbild zu entschlüsseln. Manchmal hilft es auch, nach Ersatzwörtern (Synonymen) zu suchen, die an derselben Stelle stehen könnten.*
In der ersten Teilaufgabe sollst du die bildhafte Sprache im Gedicht (Text A) mit eigenen Worten erläutern und beschreiben, welche Vorstellung sie beim Leser erweckt. Dazu musst du zuerst das eigentliche Bild entschlüsseln und dann seine neue Bedeutung erklären.
Die zweite Teilaufgabe verlangt, dass du eine typische menschliche Verhaltensweise wiedergibst. In der Aufgabe wird besonders auf den Anfang und den Schluss des Gedichts hingewiesen. Prüfe daher, ob es eine Entwicklung oder einen Verlauf gibt, der so ein typisches Verhalten darstellt, und ob Anfang und Ende des Gedichts vielleicht auch den „Anfangs-" bzw. „Endzustand" dieses Verhaltens schildern.

a) – *„steifen und verdorrten Leuten"*
Die Wörter „steif" und „verdorrt" passen eher auf Äste, die im Herbst oder Winter absterben und nicht mehr biegsam und elastisch sind. „Steife und verdorrte" Menschen sind kaum zu körperlicher Leistung in der Lage, sie sind unbeweglich und träge.

– *(reißt euch) „von den Öfen los"*
Im Winter ist der warme Ofen im Haus verlockender als die kalte Luft draußen. Deswegen verlässt man den Ofen nur widerwillig und muss sich „von ihm losreißen".

– *„bedeckt uns nach der Reihe all mit Schnee und Ruhm"*
Normalerweise wird im Winter alles von Schnee und Eis bedeckt. Wenn man allerdings im Winter Sport treibt, wird man nicht nur mit Schnee bedeckt, sondern erntet auch noch Ruhm für seine sportlichen Leistungen.

– *„jeder Sport ist plus"*
Mit einem „plus" fügt man etwas hinzu oder zeigt in der Mathematik ein positives Vorzeichen an. Jeder Sport, also jede Form der Bewegung, ist daher positiv und ein Gewinn.

– *„mit etwas Geist dahinter wird er zum Genuss"*
Der „Geist" steht an dieser Stelle für Nachdenken und Intelligenz. Wer über einen sinnvollen Umgang mit dem Sport nachdenkt und sich die Vorteile sportlicher Betätigung bewusst macht, kann den Sport noch mehr genießen.

– *„schützt uns durch Vereine vor der Einsamkeit"*
Da Sport vor allem in Vereinen betrieben wird, kommt man mit anderen Menschen in Kontakt und wird nicht einsam.

- *„fortan in illustrierten Blättern weiterlebt"*
  Wer selbst keinen Sport mehr betreibt, bezieht Informationen darüber nur noch aus Zeitschriften, nicht mehr aus seiner eigenen Erfahrung. Der Sport existiert dann nur noch in Illustrierten.

b) Joachim Ringelnatz beschreibt in seinem Gedicht „Ruf zum Sport" das typische Verhalten vieler Menschen, nach längerer Trägheit sportlich aktiv zu werden, dann aber bald aus Bequemlichkeit wieder damit aufzuhören. Gerade im Winter merken viele, dass ihnen die sportliche Betätigung fehlt, weil sie den ganzen Tag steif und ohne Bewegung bei der Arbeit, zu Hause oder im „Wirtshaus" sitzen (Z. 1–4). Kurzfristig bekommen sie dann ein schlechtes Gewissen, wollen ihr ungesundes Leben ändern und erinnern sich an die vernünftigen Appelle, Sport zu treiben (Z. 7–8). Voller Enthusiasmus beginnen sie dann, einer Sportart nachzugehen, und hoffen darauf, dass sich in kürzester Zeit alle Versprechungen bewahrheiten werden (Z. 17–26). Der Enthusiasmus hält aber nicht lange an, weil bei der ersten Gelegenheit die Bequemlichkeit siegt und die guten Vorsätze schnell begraben werden. Die Menschen fallen wieder in ihr altes Muster zurück und beschäftigen sich mit Sport allenfalls noch in Zeitschriften (Z. 27–32).

2. **Hinweis:** *Bei dieser Aufgabe kannst du dich leicht verzetteln, weil du aus zwei Texten jeweils zwei unterschiedliche Aspekte herausarbeiten sollst. Gehe deswegen systematisch vor: Lies zuerst den Sachtext (Text B) konzentriert durch. Die Motive und Gefühle werden nicht von der betreffenden Person selbst beschrieben, du musst sie aus den Handlungen und Kommentaren im Text ableiten. Markiere mit unterschiedlichen Farben die Stellen, die etwas über Ingrid Beckers Ziele sowie ihre Stimmung aussagen. Formuliere aus den Textstellen Stichpunkte. Ähnliche Stellen kannst du dabei zusammenfassen.*
Danach gehst du in gleicher Weise bei dem literarischen Text (Text C) vor. Hier wird es dir leichter fallen, Motive und Gefühle in Bezug auf Sport zu finden, da der Ich-Erzähler genau darüber berichtet. Fasse ähnliche Stellen wieder zusammen.
Um den Vergleich der beiden Texte übersichtlich darzustellen, eignet sich am besten eine Tabelle. Ordne deine Stichpunkte den passenden Überschriften so zu, dass in der Tabelle ähnliche oder gegensätzliche Aspekte aus den beiden Texten einander gegenübergestellt sind.

TEXT	**B: Olympische Verlierer (Sachtext)**	**C: Der Kinderturner (literarischer Text)**
Ziele/Motive (in Bezug auf Sport)	– eine olympische Medaille gewinnen (Z. 4/5, 10–12, 17/18)	– Spaß und Begeisterung am Sport, Freude an der Bewegung (Z. 2/3, 15/16, 18–23, 32)
	– Höchstleistung bringen, zu den Besten gehören (Z. 7/8, 10–12, 23/24)	– ein guter Turner werden (Z. 15/16, 23/24)
	– Anerkennung und Ruhm erlangen (Z. 10–12)	– Sport auch anderen vorführen, anderen sein Können zeigen (Z. 24)
	– keine Schwäche zeigen (Z. 5–7, 12, 19–21)	– nicht aus Ehrgeiz unnötige Risiken eingehen (Z. 24–33)

TEXT	**B: Olympische Verlierer (Sachtext)**	**C: Der Kinderturner (literarischer Text)**
Stimmungen bzw. Gefühle (der Sport treibenden Personen)	– unglücklich/verzweifelt, weil sie keinen Medaillenplatz geschafft hat (Z. 3–7, 12) – verbittert (Z. 5–8, 19–21)	– freudig und begeistert, hat Spaß am Turnen (Z. 2/3, 15/16, 32) – motiviert (Z. 7–9, 11–13)
	– ist eigentlich stolz, aber enttäuscht, weil niemand ihre sportliche Leistung wahrnimmt (Z. 5–7, 23–26)	– genießt es, sich zu bewegen (Z. 18–23)
	– wütend über das falsche Mitgefühl (Z. 13–18, 19–21) – versucht, ihre Gefühle zu kontrollieren und nicht zu zeigen, verhärtet (Z. 12, 19–21)	– Angst vor Risiken, kein Ehrgeiz (Z. 24–33)

3. **Hinweis:** *Die Stichworte, die du in Aufgabe 2 gesammelt hast, helfen dir auch für diese Aufgabe. Fasse mit deinen eigenen Worten zusammen, warum der Erzähler in Text C gerne Sport treibt, welche Ziele er damit verfolgt und in welche Stimmung ihn das Turnen versetzt. Arbeite am besten mit Zeilenangaben, damit deutlich wird, welche Hinweise im Text dich zu deinen Überlegungen und Schlussfolgerungen gebracht haben.*

Der Erzähler im Text „Der Kinderturner" hat eine sehr positive Einstellung zum Turnen. Er drängt schon früh darauf, in den Turnverein zu dürfen (Z. 2/3, 7–9), obwohl er noch zu jung dafür ist. Als er sein Ziel erreicht hat, ist er überglücklich (Z. 11–13). Der Erzähler hat einfach Freude daran, sich zu bewegen: Die Eleganz der Bewegungsabläufe spricht ihn an (Z. 18–21) und er genießt es, seinen Körper immer wieder an Grenzen zu bringen (Z. 21–23). Trotzdem geht er nicht aus Ehrgeiz unnötige Risiken ein und verzichtet auf waghalsige Übungen. Darüber hinaus findet er seinen Sport so schön, dass er ihn gerne auch anderen vorführt (Z. 24). Er liebt das Turnen und ist daher aus sich selbst heraus motiviert, diesen Sport zu betreiben.

4. **Hinweis:** *Sprachliche Mittel wie ein auffälliger Satzbau oder sprachliche Bilder werden eingesetzt, um einen Text anschaulich zu machen oder eine Aussage hervorzuheben. Beim Leser soll deren Verwendung ein bestimmtes Gefühl oder eine bewusste Reaktion auslösen. Lies Text C aufmerksam durch und achte auf Auffälligkeiten wie sprachliche Bilder oder Wiederholungen. Markiere diese Stellen und schreibe drei unterschiedliche sprachliche Mittel mit Zeilenangabe heraus. Benenne auch, um welches Mittel es sich dabei handelt.*

Sprachliche Mittel im Text	Beispiele
Wörtliche Rede	Z. 3–4: „‚Du musst warten, bis du sieben Jahre alt bist', hatte sie immer wieder geantwortet."
Wiederholung	Z. 7: „Er sagte: ‚Du musst warten, bis du sieben Jahre alt bist.' " Z. 15/16, Z. 23/24: „Ich wurde ein ziemlich guter Turner."
Aufzählung	Z. 3: „Ich hatte sie gequält, bestürmt, belästigt und umgaukelt." Z. 16/17: „Mit eisernen Hanteln, mit hölzernen Keulen, an Kletterstangen, an den Ringen, am Barren, am Reck, am Pferd, am Kasten und schließlich am Hochreck." Z. 18–21: „Ich genoss die Schwünge, Kippen, Stemmen, Hocken, Grätschen, Kniewellen, Flanken und, aus dem schwungvollen Kniehang, das Fliegen durch die Luft mit der in Kniebeuge und Stand abschließenden Landung auf der Kokosmatte."
Sprachbild	Z. 22/23: „bis er (der Körper) … in eleganten und phantasievollen Kurven eine biegsame feste Eisenstange umtanzt!"
Frage an den Leser	Z. 13: „Und was, glaubt ihr, war der Herr Zacharias von Beruf?" Z. 31: „Hatte ich recht?" Z. 33: „Wisst ihr den Unterschied?"

5. **Hinweis:** *Die Texte D und E sind Sachtexte, die sich aus wissenschaftlicher Sicht mit dem Thema „Sport in der Schule" beschäftigen. Um Gesichtspunkte zum Thema Sport darzustellen, musst du in beiden Texten nach Aussagen zur Bedeutung von Sport suchen und diese zusammenfassen. Lies dazu die Texte genau und markiere Textstellen, die die Wichtigkeit von Sport für Kinder und Jugendliche herausstellen. Formuliere diese Aussagen dann in eigenen Worten als Stichpunkte. Gleiche Gesichtspunkte, die sowohl in Text D als auch in Text E angesprochen werden, kannst du unter einem Stichpunkt zusammenfassen.*

- Sportunterricht allein ist unzureichend für genügend Bewegung (Text D: Z. 1–4)
- positive Auswirkungen nur durch Regelmäßigkeit (Text D: Z. 3–4, Text E: Z. 6–7)
- Spaß durch Sport in der Gemeinschaft (Vereine) (Text D: Z. 4)
- Motivation weniger sportlicher Menschen durch das Miteinander (Text D: Z. 8–11)
- zu wenig attraktive und motivierende Angebote für Mädchen (Text D: Z. 11–13)
- Sport fördert die Gesundheit (Text D: Z. 14–26):
  - Stoffwechsel/Blutdruck werden positiv beeinflusst
  - Vorbeugung der Osteoporose (Knochenschwund)
  - bessere Entspannung, Stresshormone werden schneller abgebaut
  - Stärkung des Immunsystems, Anfälligkeit gegenüber Krankheiten sinkt
  - Hilfe bei Depressionen
  - Steigerung des Selbstwertgefühls und des allgemeinen Wohlbefindens
- sportliche Bewegung fördert die Konzentration und die Denkfähigkeit (Text E: Z. 1–6)

6. **Hinweis:** *Da du deine Zuhörer (Mitschüler, Lehrer, Rektor) davon überzeugen sollst, sich an der Aktion zu beteiligen, musst du das Thema linear erörtern. Das heißt, dein Vortrag, den du in der Schule hältst, soll lediglich Pro-Argumente enthalten, die du in den Texten A–E gesammelt hast. Stelle zuerst in einer Stichwortsammlung Aspekte zusammen, die die Bedeutung von Sport und Bewegung aufzeigen. Ordne die gefundenen Argumente sinnvoll, z. B. indem du das überzeugendste Argument an den Schluss stellst oder zuerst die Bedeutung von Sport für den Körper, dann für das Lernen etc. darstellst.*
Formuliere dann deinen Vortrag. In der Einleitung sollst du die Aufmerksamkeit deiner Zuhörer gewinnen, sie von der Wichtigkeit des Themas überzeugen und sie neugierig auf deine Argumente machen. Hilfreich ist es, wenn du dir einen Einleitungsgedanken überlegst (z. B. Jugendliche heutzutage bewegen sich viel zu wenig). Denke daran, dass du einen Vortrag halten sollst, d. h., begrüße deine Zuhörer, sprich sie auch manchmal direkt an. Im Hauptteil stellst du geordnet und ausformuliert deine Argumente dar, die für eine Beteiligung an der Aktion sprechen. Beginne für jeden thematischen Gesichtspunkt einen neuen Absatz. Achte dabei auf sinnvolle Überleitungen und versuche, deine Argumente durch Beispiele anschaulich zu machen. Ziehe zum Schluss ein Fazit aus deinen zuvor gemachten Äußerungen und verabschiede dich von deinen Zuhörern.

gesundheitliche Aspekte	– Bewegung ist gut für die Gesundheit (Text A, Text D) – Sport muss häufig und regelmäßig betrieben werden, um positive Auswirkungen zu haben (Text D, Text E) – zu viele Kinder und Jugendliche sind übergewichtig, dagegen hilft regelmäßige Bewegung (Text D) – Sport ist hilfreich bei der Vorbeugung und Behandlung vieler Krankheiten (Text D)
Auswirkungen auf die Psyche	– Bewegung kann Menschen Freude machen, sie in Hochstimmung versetzen (Text C) – Sport ohne Leistungsdruck stärkt das Selbstwertgefühl (Text B, Text D) – sportliche Aktivität steigert das allgemeine Wohlbefinden (Text D)
soziale Aspekte	– Sport fördert die Gemeinschaft (Text A) – sportliche Leistung bringt Anerkennung (Text B, Text C) – wer im Verein Sport mit anderen macht, fühlt sich nicht ausgegrenzt (Text A, Text D)
Auswirkungen auf das Lernen	– regelmäßige Bewegung wirkt sich positiv auf das mathematische und logische Denken und die Lesekompetenz aus (Text E) – bereits einfache sportliche Betätigung verbessert die Konzentrationsfähigkeit (Text E)

Liebe Schülerinnen und Schüler, liebe Lehrerinnen und Lehrer,
liebe Frau Rektorin Meier,

ich freue mich sehr, dass ich heute als Mitglied der Organisationsgruppe „Unser Ort bewegt sich" zu Ihnen und zu euch sprechen darf. Bei dieser Aktion soll allen Gemeindemitgliedern die Möglichkeit gegeben werden, mehr Bewegung in ihr Leben zu bringen und Sport als positiven Bestandteil des Lebens kennenzulernen. Gerade für unsere Schule ist die Beteiligung an der Aktion sehr wichtig, denn immer öfter warnen Ärzte vor den Folgen von Bewegungsmangel bei Kindern und Jugendlichen. Der Sportunterricht an der Schule reicht hier zum Ausgleich bei Weitem nicht aus. Durch die Aktion „Unser Ort bewegt sich" wird das sportliche Betätigungsfeld sowohl für Erwachsene als auch für uns Schüler um ein attraktives Angebot erweitert.

Einleitung
Hinführung zur Themenfrage; Aufmerksamkeit beim Zuhörer wecken

Die positive Wirkung von Sport zeigt sich am deutlichsten an der körperlichen Verfassung. Die Zahl der übergewichtigen Kinder und Jugendlichen nimmt stetig zu. Um Übergewicht vorzubeugen, ist regelmäßige Bewegung das beste Mittel. Doch selbst wenn man bereits übergewichtig ist, sinken laut Medizinern durch sportliche Betätigung die gesundheitlichen Risiken wie etwa Bluthochdruck oder Gefäßverengung. Wer regelmäßig Sport treibt, stärkt zudem sein Immunsystem und senkt die Anfälligkeit gegenüber Krankheiten. Mit der Teilnahme an der Aktion bietet die Schule ihren Schülern und Lehrern also die Möglichkeit, aktiv etwas für ihre Gesundheit zu tun.

1. Argument
gesundheitliche Aspekte

Sport wirkt sich auch noch auf andere Bereiche positiv aus. In verschiedenen Studien wurde herausgefunden, dass Ausdauersport beispielsweise nicht nur das Immunsystem stärkt, sondern auch für allgemeines Wohlbefinden sorgt. Bei depressiven Menschen kann sportliche Betätigung sogar die Medikamententherapie zum Teil ersetzen. Zudem können sich aktive Menschen viel leichter entspannen, da sie Stresshormone schneller abbauen. Für Schüler ist Sport daher ein ideales Mittel, um dem Schulstress entgegenzuwirken.

2. Argument
Auswirkungen auf die Psyche

Wenn wir im Rahmen der Aktion „Unser Ort bewegt sich" Bewegungsangebote bereitstellen, fördern wir außerdem das Gemeinschaftsgefühl an unserer Schule. Die gegenseitige Anerkennung der sportlichen Erfolge stärkt das Selbstwertgefühl und den Zusammenhalt in der Gruppe oder der Klasse. Allerdings sollten wir darauf achten, dass wir nicht nur leistungsorientierte Sportarten anbieten, um weniger sportliche Schüler nicht auszuschließen. Auch spezielle Angebote für Mädchen wie etwa Tanz oder Frauenfußball dürfen nicht fehlen. Auf diese Weise tragen wir zum Miteinander an unserer Schule bei.

3. Argument
soziale Aspekte

Doch das wichtigste Argument, warum wir als Schule an dieser Aktion teilnehmen sollten, sind die positiven Auswirkungen von Sport auf das Lernen. Wissenschaftler haben bewiesen, dass regelmäßige Bewegung das mathematische und logische Denken fördert. Beispielsweise erhöhen kurze Gym-

4. Argument
Auswirkungen auf das Lernen

nastikübungen in der Schulstunde die Konzentrationsfähigkeit und sorgen dafür, dass die Kinder und Jugendlichen aufnahmebereiter sind. Mediziner empfehlen deshalb, sich jeden Tag sportlich zu betätigen. Um dies zu gewährleisten, ist die Aktion „Unser Ort bewegt sich" bestens geeignet, denn hier haben wir die Gelegenheit, uns ausreichend zu bewegen.

Schlussgedanke

Die Aktion wäre für unsere Schule also eine gute Möglichkeit, den Schülern und Lehrern die positiven Seiten des Sports näherzubringen. Wir würden gemeinschaftlich etwas für unsere Gesundheit tun, was sich wiederum positiv auf den Lernerfolg und das Gemeinschaftsgefühl auswirkt. Dadurch hätten alle Beteiligten, Lehrer, Schüler und Eltern, Vorteile von der Teilnahme an der Aktion „Unser Ort bewegt sich".

Vielen Dank für Ihre und eure Aufmerksamkeit!

Abschlussprüfung der 10. Klasse an Werkrealschulen in Baden-Württemberg
Deutsch 2012

Mut im Alltag

Die folgenden Texte befassen sich mit dem Themenbereich „Mut im Alltag".
Lesen Sie die Texte genau durch und bearbeiten Sie dann die Aufgaben.
Die Bearbeitung der Aufgaben in der vorgegebenen Reihenfolge ist hilfreich.
Sie können ein Rechtschreibwörterbuch verwenden.
Arbeitszeit: 240 Minuten

Text A: Die Lehrlingsprobe (Hans Bahrs 1917–1983)

Zeugnisse und Empfehlungsschreiben waren gesichtet, die theoretischen und praktischen Kenntnisse und Fertigkeiten getestet. Abteilungsleiter Meerwein hatte sich aber bis jetzt noch nicht gezeigt. So hielt er es immer. Am letzten Nachmittag der Prüfung empfing er die Bewerber in seinem Büro und unterhielt sich mit ihnen.
Gerade wartete wieder eine Gruppe junger Burschen vor seiner Tür. Sie trugen noch die geborgten Monteuranzüge des Werkes.
Als es an Herrn Meerweins Tür klopfte, saß der Ausbildungsleiter an seinem Schreibtisch und trank eine Tasse Kaffee. Auf ihr Klopfen bekamen die Jungen keine Antwort. Sie waren aber doch ausdrücklich bestellt worden. Ratlos blickten sie sich an und horchten. Stille! – Da fasste sich Franz Berner ein Herz: „Vielleicht hat er es nicht gehört. Ich klopfe noch einmal!" Die anderen Jungen zuckten die Achsel. Mochte er es tun. Und er tat es. Darauf von drinnen ein Grollen.
„Was hat er gesagt?" Nun wurde auch Franz unsicher. – „Wahrscheinlich: Herein!", erwiderte ein anderer. Da drückte Franz auf die Klinke. Die Tür öffnete sich einen Spalt. Die Jungen blieben auf der Schwelle stehen.
„Unverschämte Bande! Habt ihr nicht gehört, dass ich nicht gestört werden will?", donnerte es vom Schreibtisch her. Der Ausbildungsleiter erhob sich zu seiner vollen stattlichen Größe und rollte mit den Augen. Unwillkürlich duckten sich die Jungen etwas. „Na, wird's bald? Antwort!"
Franz trat vor: „Wir sind herbestellt worden. Entschuldigen Sie, bitte, wir dachten, wir sollten hereinkommen."
„So? Hergeschickt worden seid ihr? Das Warten habt ihr wohl noch nicht gelernt? – Raus und wartet ab! Ihr seht doch, dass ich beschäftigt bin!"
Die Tür fiel ins Schloss. Verärgert sprachen die Jungen miteinander und hockten sich auf eine Bank. „Alter Knacker!" war noch eine freundliche Bezeichnung für Herrn Meerwein.
Nach einer ganzen Weile erst wurden sie vorgelassen. Da gab sich der Gewaltige schon menschlicher. Kurz und präzise kamen seine Fragen. Die Antworten sollten entsprechend sein. „Habt ihr die Lehre von vorhin kapiert?", fragte er auf einmal ganz unvermittelt. Die Jungen drucksten herum. Der Mann forderte sie heraus: „Fühlt ihr euch von mir etwa ungerecht behandelt?" Ein Lauern lag in der Frage. Die Jungen wurden unsicher. „Heraus mit der Sprache!" Einer erwiderte: „Sie hatten natürlich Recht!" Meister Meerwein machte ein undurchdringliches Gesicht.

Scharf blickte er Franz an. „Und was meinst du dazu?“ Der Junge antwortete fest: „Ich meine das nicht!“ „So? Und was denn wohl?“ „Wir wollten Sie nicht stören. Da wir Sie nicht verstanden hatten, glaubten wir, Sie hätten uns gerufen.“ „Das dachtest du wohl, wie?“ „Ja, das dachte ich.“ „Mein Junge, merk dir eines: Überlass das Denken den Pferden, die haben einen größeren Kopf als du!“ Dem Jungen schoss das Blut ins Gesicht. Er biss sich auf die Lippen. Die anderen Bewerber lachten ein wenig unterwürfig – ein wenig hämisch. Der Meister blieb unerbittlich: „Oder nicht?“ – „Nein, das Denken lasse ich mir nicht verbieten!“

„Hm, na, wir reden noch darüber. Ihr anderen könnt gehen. Ihr bekommt dann euren Bescheid! – Der ‚Denker‘ da bleibt noch einen Augenblick hier!“

Die Lehrlingsanwärter machten eine tadellose Verbeugung und verschwanden. Kaum hatte sich die Tür hinter ihnen geschlossen, da klopfte Herr Meerwein Franz kräftig auf die Schulter: „Gut, mein Junge! Bewahr dir deine Aufrichtigkeit und deine Zivilcourage! Du wirst sie im Leben noch gebrauchen!“

Nach: Weert, Flemmig u. a.: Nur keinen Streit vermeiden und andere Geschichten. Verlagshaus Gerd Mohn, Gütersloh 1978

Text B: Der Schritt zurück (Annette Rauert, zeitgenössische Autorin)

Antonio stand ganz am Rand. Unter ihm die gleißende Wasseroberfläche. Wie geschmolzenes Blei sah es aus. In seinen Schläfen hämmerte es. Er hatte Angst, nackte Angst. Hinter sich hörte er die Stimme seines Trainers: „Spring!“ Das Pochen nahm zu, gleich musste es seinen Kopf sprengen. Zwischen ihm und der Wassermasse gab es nur dieses kleine schwankende Brett, zehn Meter hoch.

Leute starrten nach oben. Sie warteten. Ihre Gesichter waren feindlich. Trotzdem fühlte er sich ihnen verpflichtet. Er musste springen, damit sie ihre Sensation bekamen. Er fühlte, dass er es nicht schaffen würde. Er war noch nicht so weit. Aber er musste beweisen, dass er ein Mann war. Lieber tot sein, als sich vor diesen Gesichtern blamieren. Nur noch ein paar Sekunden atmen, dachte er, mehr verlange ich gar nicht. Er blickte nach unten. Warum lächelte niemand. Lauter gespannte weiße Ovale mit harten Augen. Sie wissen, dass ich es nicht kann. Es wurde ihm schlagartig klar. Sie wissen, dass etwas passieren wird. Warum rief ihn niemand zurück?

In ihm kam das Bedürfnis auf zu schreien, die Menschen da unten aus ihrer Starre zu schreien. Sie sollten nicht das Recht haben, schuldlos an seinem Unglück zu sein. Die Übelkeit in seinem Magen verstärkte sich, nicht mehr aus Angst, sondern aus Ekel vor der Feigheit der Masse da unten. Er hätte ausspucken mögen. Stumm, wie eine Herde blöder Schafe standen sie da unten und warteten.

Aber wenn er jetzt sprang und sich für ihre Gier opferte, war er dann nicht auch so feig wie sie? Ein Schritt nur, ein Schritt. Er war so einsam. Hätte ihn jetzt jemand gerufen, wäre noch alles gut gegangen, aber sie schwiegen. Seine Verachtung stieg ins Unermessliche.

Er forschte in seinem Gewissen. Wenn er sprang, war irgendetwas damit erreicht? Tat er damit etwas Falsches? Etwas Richtiges? Er wusste, was er tun sollte, warum sträubte er sich dagegen? Aber war das Springen heldenhaft, hatte es einen Sinn? Ein Schritt nur! Sein Fuß schob sich langsam vor. Dann ging ein Ruck durch seine Gestalt. Er richtete sich auf und drehte sich um. Ganz bewusst. Seine Unsicherheit war von ihm gewichen, der Druck, der auf ihm lastete, verschwand. Langsam kletterte er die Leiter hinab und schritt durch die starre Gruppe.

Zum ersten Mal in seinem Leben trug er den Kopf hoch. Er begegnete den Blicken der anderen mit kühler Gelassenheit. Keiner sprach ein Wort oder lachte gar. Er fühlte sich so stark, als hätte er gerade die wichtigste Prüfung in seinem Leben bestanden. Er spürte so etwas wie Achtung vor sich selbst. Eines Tages würde er auch springen, das wusste er plötzlich.

Nach: Rauert, Annette: Ein Schritt zurück. In: Werkbrief für die Landjugend 1980/1. In Geschichten uns wiederfinden, Teil 2. Landesstelle der Katholischen Landjugend Bayerns, München, ohne Jahresangabe

Text C: Tapferkeit vor dem Freund (Kurt Singer 1929 – 2009)
Jan P. (Schüler, 16 Jahre) erzählt.

Es gehörte zum „Klassen-Spaß" Herrn M. fertigzumachen. Dieser Lehrer war ein weicher Mensch und versuchte im Unterricht, alle Probleme mit Sanftmut zu lösen. Das zahlten wir ihm bitter heim. Wir versäumten keine Gelegenheit, ihn zu ärgern, machten ihn lächerlich und störten den Unterricht. Er war hilflos, insgeheim tat er mir leid. Aber ich wollte nicht aus der Klassengemeinschaft ausscheren und als Streber gelten. Zwar verhielt sich der Lehrer tatsächlich ungeschickt, aber er behandelte uns immer anständig. Wenn ich ehrlich gegen mich selbst war, musste ich mir sagen: Unsere Späße waren unfair. Aber ich heulte weiter mit den Wölfen. Es wurmte mich zunehmend, dass ich nicht offen zu meiner Einstellung stand, sondern weiter mit den anderen lachte, wo es eigentlich gar nicht mehr zum Lachen war. Ich meinte einfach mitmachen zu müssen, weil ich sonst nicht mehr dazugehörte.
Nach einer neuerlichen Quälerei während der Stunde wagte ich schließlich doch den Widerspruch: „Ich find das nicht gut, was wir da machen. So übel ist der Lehrer gar nicht, dass wir ihn dermaßen schlecht behandeln müssten. Beim Mathe-Lehrer in der vorausgehenden Stunde hocken wir 45 Minuten lang drin wie die Ölgötzen. Da nehmen wir widerspruchslos alles hin, was der uns zumutet. Wir unterwerfen uns richtig und wehren uns nicht im Geringsten. Und hier lassen wir dann die Sau raus. Ich mach da nicht mehr mit". Zuerst herrschte überraschtes Schweigen, dann dröhnte mir von einigen Hauptakteuren höhnisches Gelächter entgegen: ob ich keinen Spaß mehr verstünde. Ein Teil der Klasse schwieg; ein Mädchen stand mir bei und sagte, dass sie es schon lange gemein finde, wie schikanös wir den Lehrer behandeln würden, wo er uns doch gar nichts antue, da finde sie überhaupt nichts cool dran.
Tatsächlich kam es in Grüppchen zur Diskussion. Außer mir und der Mitschülerin schlossen sich noch einige dem Wunsch an, mit unseren Störungen aufzuhören.
Die Diskussion wurde nicht offen geführt, aber sie riss nicht ab. Irgendwie ist allen der Spaß an unseren „tollen Streichen" vergangen. Zwar behandelten mich einige Mitschüler verächtlich, weil ich aus dem gewohnten Klassenverhalten ausscherte. Dafür gewann ich aber die Sympathie anderer, die ich mit meiner Zivilcourage angesteckt hatte. Und meine Eltern fanden das ganz toll, dass ich mich traute, meine Überzeugung zu sagen. Mir machte es damals große Angst, der Mehrheit zu widersprechen. Aber ich war dann zufrieden mit mir, weil ich mir selbst treu blieb.

Nach: Singer, Kurt: Zivilcourage wagen. Ernst Reinhardt Verlag, München 2003

Text D: Was ist Zivilcourage? (Kurt Singer 1929–2009)

Gleichgültigkeit, Bequemlichkeit und Desinteresse am Schicksal des Nächsten sind in unserer Gesellschaft häufig anzutreffen. Viele scheuen aus unterschiedlichen Gründen das Risiko, sich für andere einzusetzen. Zivilcourage bezeichnet dagegen den Mut, öffentlich die eigene Meinung zu äußern und sich einzumischen, um etwas zu verändern. Dieses „gegen den Strom Schwimmen" oder „sich entgegen Stellen" erfordert persönliche Stärke, weil es den Gehorsam aufkündigt. Das kann sich nachteilig auswirken, wenn es etwa gegen Vorgesetzte gerichtet ist. Entscheidend ist, genau hinzusehen und Ungerechtigkeiten wahrzunehmen, statt trotz begangenem Unrecht wegzuschauen und zu schweigen. Grundlage ist die Fähigkeit, sich in andere einzudenken und einzufühlen. Dieses Einmischen tritt über das Private hinaus, ist öffentlich bedeutsam und am Gemeinwohl orientiert.

Zivilcourage erfordert unerschrockenes Handeln und ist gewaltfrei. Sie orientiert sich an menschlichen Grundwerten und am persönlichen Gewissen. Dazu gehört, dass sich der Einzelne verantwortlich fühlt und tatsächlich Verantwortung übernimmt. Bei einem couragierten Handeln wehrt er sich gegen Ungerechtigkeit und vertritt seine Überzeugung offen, um anderen zu helfen. Zivilcourage ist die „Tapferkeit des Herzens" und Ausdruck persönlicher Freiheit.

Nach: Singer, Kurt: Zivilcourage wagen. Ernst Reinhardt Verlag, München 2003

Aufgaben

Punkte

Die Bearbeitung der Aufgaben in der vorgegebenen Reihenfolge ist hilfreich.

1. Im Text „Die Lehrlingsprobe" (Text A) werden verschiedene Personen dargestellt.

a) Charakterisieren Sie die Personen mit mehreren Stichworten:
Abteilungsleiter Meerwein, Franz, die anderen Lehrlinge als Gruppe. 3

b) Die Überschrift des Textes A ist zweideutig. Beschreiben Sie die beiden Bedeutungsperspektiven. 2

2. In dem Text „Der Schritt zurück" (Text B) wird eine besondere Situation beschrieben.

a) Setzen Sie sich mit der Bedeutung der Überschrift auseinander. 2

b) Die Qual der Entscheidung wird durch die Sprache des Textes B besonders deutlich. Zitieren Sie vier Textstellen, die Antonios Befindlichkeit beschreiben. 2

c) Die Entscheidung nicht zu springen verändert Antonio.
Begründen Sie. 1

3. Im Text „Tapferkeit vor dem Freund" (Text C) setzt sich Jan mit einer für ihn schwierigen Situation auseinander.

Stellen Sie vier Beweggründe Jans für seinen Widerspruch in ganzen Sätzen dar. 2

4. In den Texten A, B und C erleben die Akteure Folgen ihres Handelns.

Stellen Sie die in den Texten beschriebenen Folgen für die Hauptfiguren dar und schreiben Sie andere denkbare Folgen auf. 4

Wählen Sie eine übersichtliche Form der Darstellung. Davon: Darstellung: 1

5. In Text D wird der Begriff Zivilcourage definiert.
Erklären Sie folgende Textstellen in eigenen Worten:

Dieses Einmischen tritt über das Private hinaus, ist öffentlich bedeutsam und am Gemeinwohl orientiert. (Z. 9/10)

Zivilcourage ist die „Tapferkeit des Herzens" und Ausdruck persönlicher Freiheit. (Z. 15) 4

6. Der Jugendgemeinderat will den Sozialpreis „Mut im Alltag" verleihen.
Vorgeschlagen sind Franz, Antonio und Jan (Text A, B, C).
Leider kann nur ein Preis vergeben werden.
Als Mitglied der Jury stellen Sie Ihre persönliche Rangliste auf. 20

Begründen Sie ausführlich Ihre Entscheidung für die Vergabe der Plätze eins bis drei. Berücksichtigen Sie auch Text D. Davon: Inhalt: 10
Sprache/Ausdruck: 10

Lösungen

1. a) **Hinweis:** *Für eine Charakterisierung sind sowohl Informationen zur äußeren Erscheinung als auch Wesensmerkmale der Personen wichtig. Gehe den Text schrittweise durch und markiere dir Textstellen, die solche Informationen enthalten, zum Beispiel mit einer eigenen Farbe für jede der drei Personen. Bearbeite dann die Personen der Reihe nach und schreibe jeweils ihre Merkmale in eigenen Worten stichwortartig heraus. Im Folgenden sind die betreffenden Zitate und Zeilenangaben genannt. Das ist in der Aufgabenstellung nicht ausdrücklich verlangt, wird im Zweifel aber sicher als Pluspunkt bewertet werden. In der Lösung sind alle Charaktereigenschaften aufgeführt, die sich aus dem Text ableiten lassen. Zur Erreichung der vollen Punktzahl genügt es, wenn du jeweils die drei bis vier wichtigsten Charaktermerkmale aufführst.*

Abteilungsleiter Meerwein:

- aus Sicht der Jungen alt („Alter Knacker!", Z. 24)
- regeltreu („So hielt er es immer.", Z. 3)
- Respekt einflößende Erscheinung („stattliche[n] Größe", Z. 17; „der Gewaltige", Z. 25)
- listig: findet durch eine List heraus, welcher der Jungen Charakterstärke besitzt
- gibt sich:
  - grimmig (vgl. „Grollen", Z. 12)
  - leicht reizbar („Unverschämte Bande!", Z. 16)
  - laut und unbeherrscht („donnerte", Z. 16)
  - furchteinflößend („rollte mit den Augen", Z. 18)
  - bedrohlich („Ein Lauern lag in der Frage.", Z. 28/29)
  - herrisch und autoritär („Raus und wartet ab!", Z. 21/22; „Heraus mit der Sprache!", Z. 29)
  - undurchschaubar („undurchdringliches Gesicht", Z. 30)
  - „unerbittlich" (Z. 36)
- nutzt seine Macht aus („Nach einer ganzen Weile erst wurden sie vorgelassen.", Z. 25)
- fordert die Bewerber heraus (vgl. Z. 28)
- kann auch menschlich sein („schon menschlicher", Z. 25/26)
- schätzt die „Aufrichtigkeit und […] Zivilcourage" von Franz (Z. 42)

Franz:

- jung (vgl. Z. 5)
- etwas unsicher (vgl. Z. 13, 18, 27/28)
- höflich („Entschuldigen Sie, bitte", Z. 19; spricht nur, wenn er gefragt wird)
- beherrscht („Dem Jungen schoss das Blut ins Gesicht. Er biss sich auf die Lippen.", Z. 35)
- mutiger als die anderen (fasst sich als Einziger ein Herz und klopft ein zweites Mal; „Franz trat vor", Z. 19)
- entscheidungsfreudig („Da drückte Franz auf die Klinke.", Z. 14)
- handelt entschlossen („antwortete fest", Z. 31; widerspricht)
- hat seinen eigenen Kopf und lässt sich nicht einschüchtern („Nein, das Denken lasse ich mir nicht verbieten!", Z. 37)

Die anderen Lehrlinge als Gruppe:
- jung (vgl. Z. 5)
- unsicher (vgl. Z. 9, 18, 29)
- nicht entschlussfreudig („zuckten die Achsel“, Z. 11)
- leicht einzuschüchtern („Unwillkürlich duckten sich die Jungen etwas.“, Z. 18)
- duckmäuserisch, untertänig, unterwürfig („Sie hatten natürlich Recht!“, Z. 30; „unterwürfig“, Z. 36; „machten eine tadellose Verbeugung“, Z. 40)
- ohne eigene Meinung bzw. den Mut, sie auszusprechen (vgl. Z. 30)
- schadenfroh („hämisch“, Z. 36)

b) **Hinweis:** *Probe bedeutet auch „Prüfung“, „Test“. Überlege also, in welchen Prüfungssituationen sich die Lehrlinge befinden und wann sie evtl. auf die Probe gestellt werden.*

Die Überschrift des Textes A lautet „Die Lehrlingsprobe“.
Zum einen bezieht sie sich auf die Bewerbungssituation, in der sich alle Lehrlinge befinden. Sie haben eine theoretische und eine praktische Prüfung abgelegt, um eine Lehrstelle zu erhalten.
Zum anderen besteht die „Lehrlingsprobe“ aber auch darin, sich vor dem Abteilungsleiter zu bewähren. Dieser fordert scheinbar unterwürfiges Verhalten, in Wirklichkeit möchte er aber den Mut der Bewerber zum eigenen Denken und zum Widerstand testen.

2. a) **Hinweis:** *Überlege, auf welche Weise die Überschrift zweideutig gemeint sein könnte. Was verbindet man normalerweise mit einem „Schritt zurück“? Was bedeutet er für Antonio?*

Antonio steht am Rand eines zehn Meter hohen Sprungbretts und fühlt sich dem Druck der Zuschauer ausgesetzt, springen zu müssen – obwohl er schreckliche Angst davor hat. Im wörtlichen Sinne bedeutet „Der Schritt zurück“ die Tatsache, dass er am Ende nicht springt, sondern sich umdreht, zurückgeht und die Leiter wieder herunterklettert. Im übertragenen Sinne bezieht sich die Überschrift auf die Frage, die er vor dieser Entscheidung für sich klären muss: „Ist es tatsächlich ein ‚Rückschritt‘, wenn ich nicht springe und damit öffentlich meine Angst eingestehe?“ Er merkt letztlich, dass seine Entscheidung richtig war, denn auch der „Schritt zurück“ hat Mut erfordert, der ihn „zum ersten Mal in seinem Leben“ (Z. 27) stolz macht, sodass er „Achtung vor sich selbst“ (Z. 29/30) hat und sich gelassen (vgl. Z. 28) und „stark“ (Z. 28) fühlt. Ein Rückschritt war die Entscheidung also nicht – ganz im Gegenteil.

b) **Hinweis:** *Hier sind nur Zitate verlangt, du musst die Befindlichkeiten nicht näher beschreiben. Achte aber auf eine korrekte Zitierweise und vergiss die Zeilenangaben nicht. Von dir werden nur vier Textstellen verlangt, im Folgenden sind mehr Möglichkeiten angeführt.*

- „In seinen Schläfen hämmerte es.“ (Z. 2)
- „Er hatte Angst, nackte Angst.“ (Z. 2)
- „Das Pochen nahm zu, gleich musste es seinen Kopf sprengen.“ (Z. 3/4)
- „In ihm kam das Bedürfnis auf zu schreien […].“ (Z. 13)

- „Die Übelkeit in seinem Magen verstärkte sich, nicht mehr aus Angst, sondern aus Ekel vor der Feigheit der Masse da unten.“ (Z. 14–16)
- „Er hätte ausspucken mögen.“ (Z. 16)
- „Seine Verachtung stieg ins Unermessliche.“ (Z. 20)

c) **Hinweis:** *Du sollst begründen, weshalb die Entscheidung, nicht vom Sprungbrett zu springen, Antonio verändert. Dazu musst du beschreiben, worin die Veränderungen bestehen, und dann erklären, was sie jeweils bewirkt haben.*

Antonio ist zum einen erleichtert, weil ihn der Druck zu springen sehr belastet hat. Er hat sich entschieden, nicht zu springen, seine Zweifel sind überwunden. Er muss jetzt keine Angst mehr vor dem Sprung haben. Zum anderen erkennt er, dass er nicht versagt, sondern – im Gegenteil – mit seiner bewussten Entscheidung gegen den Willen der Masse große Stärke gezeigt und Mut bewiesen hat. Er ist stolz auf sich und kann den anderen „mit kühler Gelassenheit“ (Z. 28) gegenübertreten.

3. **Hinweis:** *Mit „Widerspruch“ ist hier gemeint, dass Jan sich gegen seine Klasse stellt, ihr also „widerspricht“. Suche Textstellen, die zeigen, welche Gedanken für Jans Entscheidung eine Rolle spielen. Gib sie in eigenen Worten wieder. Besonders gut ist es, wenn du sie durch Textverweise belegst. Du kannst die Beweggründe durchnummerieren, so kannst du sicher sein, dass du nichts vergisst. Achte darauf, ganze Sätze zu formulieren.*

Jans Beweggründe für seinen Widerspruch:

1. Jan merkt, dass der Lehrer hilflos ist, und hat Mitleid mit ihm („Er war hilflos, insgeheim tat er mir leid.“, Z. 4).
2. Da der Lehrer zwar ungeschickt, aber immer anständig zu den Schülern ist, sieht Jan keinen Grund, ihn durch die Streiche zu bestrafen (vgl. Z. 5–7).
3. Die Späße sind „unfair“ (Z. 7) und nicht lustig, da sie auf Kosten eines Dritten gehen („[…] wo es eigentlich gar nicht mehr zum Lachen war.“, Z. 9).
4. Jan fühlt sich nicht wohl, weil er weiß, dass er zwar eine andere Meinung hat als die Gruppe, er aber zu feige ist, sie auch auszusprechen und zu ihr zu stehen. Das möchte er ändern („Es wurmte mich zunehmend, dass ich nicht offen zu meiner Einstellung stand […].“, Z. 7/8).

4. **Hinweis:** *Du sollst eine übersichtliche Form der Darstellung wählen. Eine Tabelle bietet sich hier an, ist aber nicht die einzig richtige Lösung. Stichpunkte bieten eine größere Übersichtlichkeit; falls du ganze Sätze verwendest, sollten diese möglichst kurz sein. Spiegelstriche sorgen ebenfalls für eine übersichtliche Gliederung. Für die im Text beschriebenen Folgen kannst du die jeweiligen Texte schrittweise durchgehen. Wähle für jede der drei Figuren eine andere Farbe aus und markiere die jeweils zugehörigen Textstellen. Achte wieder darauf, nicht einfach aus dem Text abzuschreiben, sondern eigene Worte zu benutzen. Andere mögliche Folgen musst du dir überlegen, indem du dich in die Situation der jeweiligen Hauptperson hineinversetzt. Wieso haben alle drei zunächst gezögert, sich aufzulehnen oder zu widersprechen? Welchen Gefahren haben sie sich durch ihr Handeln ausgesetzt?*

	beschriebene Folgen	**andere mögliche Folgen**
Franz	– Der Abteilungsleiter schätzt seine Aufrichtigkeit. – Franz hinterlässt einen positiven Eindruck. – Der Abteilungsleiter zeigt ihm seine Anerkennung, indem er ihm „kräftig auf die Schulter“ (Z. 41) klopft. – Er ermutigt ihn außerdem, seine Zivilcourage beizubehalten. – Wahrscheinlich hat Franz durch sein Verhalten bessere Chancen, die Lehrstelle zu bekommen, als seine Mitbewerber.	– Franz hätte auch an einen Abteilungsleiter geraten können, der unterwürfiges und gefügiges Verhalten von seinen Mitarbeitern erwartet. In diesem Fall hätte dieser den Widerspruch nicht gutgeheißen und sich vielleicht sogar beleidigt gefühlt. – Franz hätte dadurch eventuell seine Chance auf die Lehrstelle verspielt.
Antonio	– Antonio ist stolz auf sich, weil er dem Druck der Zuschauer nicht gewichen ist. – Die Gruppe ist starr vor Verblüffung. – Weil Antonio so selbstsicher in seiner Entscheidung auftritt, trauen sich die anderen nicht, etwas zu sagen oder gar zu lachen. – Sie respektieren seine Entscheidung, vielleicht bewundern sie ihn sogar dafür.	– Es hätte aber auch sein können, dass sie Antonio als feige belächelt oder sogar ausgelacht hätten. – Antonios ohnehin geringe Selbstachtung hätte vermutlich sehr darunter gelitten.
Jan	– Einige Hauptakteure lachen Jan aus. – Ein Mädchen schlägt sich auf seine Seite. – Es kommt zu regen Diskussionen. – Mehrere Schüler schließen sich seiner Meinung an. – Alle verlieren den Spaß an den Streichen und lassen den Lehrer in Ruhe. – Ein paar Mitschüler verachten Jan. – Jan gewinnt an Beliebtheit unter denen, die seine Meinung teilen. – Seine Eltern sind stolz auf ihn. – Jan ist auch mit sich selbst zufrieden.	– Es hätte sein können, dass Jans Widerspruch schlichtweg überhört wird und die Klassenkameraden den Lehrer trotzdem weiter hänseln. – Es hätte passieren können, dass Jan zum Außenseiter wird, weil sich niemand traut, zu ihm zu stehen.

5. **Hinweis:** *Lies Text D zunächst noch einmal aufmerksam durch. Die Zitate sind Definitionen des Begriffs „Zivilcourage“, d. h., sie beschreiben, was damit gemeint ist und was ihn von ähnlichen Begriffen unterscheidet. Unterstreiche dir in den Zitaten wichtige Begriffe. Versuche dann, diese in eigenen Worten zu erklären. Du solltest dadurch die Frage beantworten können, worin sich Zivilcourage von „anderem“ Mut unterscheidet.*

Dieses Einmischen tritt über das Private hinaus, ist öffentlich bedeutsam und am Gemeinwohl orientiert.

Wer Zivilcourage zeigt, ist nicht nur mutig, wenn es um ihn selbst geht, sondern er setzt sich für andere ein. Dabei nimmt er auch persönliche Nachteile für sich in Kauf. Als Vorbild für andere handelt er damit zum Wohl der Gemeinschaft.

Zivilcourage ist die „Tapferkeit des Herzens“ und Ausdruck persönlicher Freiheit.

Wer Zivilcourage zeigt, handelt aus Nächstenliebe und nimmt sein Recht wahr, eine eigene Meinung zu haben sowie diese nach außen zu vertreten, auch wenn er sich damit vielleicht gegen die Mehrheit stellt.

6. **Hinweis:** *Entscheide, welcher der drei Jungen für dich am meisten „Mut im Alltag“ bewiesen hat bzw. wer durch sein Verhalten für dich das größte Vorbild ist. Du sollst auch Text D berücksichtigen, der sich mit dem Thema „Zivilcourage“ beschäftigt. Du kannst deine Einstufung also auch davon abhängig machen, wer mehr bzw. am meisten Zivilcourage bewiesen hat (vgl. dabei auch die Lösung zu Aufgabe 5). Vergib aber nicht nur einen ersten Platz, sondern wäge auch die anderen beiden gegeneinander ab, sodass es einen 1., einen 2. und einen 3. Platz gibt. Diese Rangfolge muss in deiner Antwort deutlich werden. Beschreibe darin die Punkte, die das Verhalten der jeweiligen Person zu etwas Besonderem machen. Die im Folgenden dargestellte Rangfolge ist nicht die einzig richtige. Wichtig ist, dass du deine Entscheidung überzeugend und „ausführlich“ begründest.*

Meine persönliche Rangliste für den Sozialpreis „Mut im Alltag“:

1. Jan
2. Antonio
3. Franz

Einleitung

„Mut im Alltag“ haben alle drei Vorgeschlagenen bewiesen. Sie sind nicht als „Mitläufer“ blind der Masse gefolgt, sondern haben – durch Worte und/ oder Handlungen – eine eigene, von der Mehrheit abweichende Meinung öffentlich geäußert.

Hauptteil
1. Platz

Jan hat für mich den ersten Platz verdient, weil er sich nicht nur getraut hat, anders zu denken, sondern auch, seine Gedanken auszusprechen und sich somit gegen die ganze Klasse zu stellen – schließlich war das Ärgern des Lehrers ein „Klassen-Spaß“ (Z. 1), an dem jeder in irgendeiner Weise beteiligt war. Er hat also riskiert, der einzige Andersdenkende in seiner Klasse zu sein und dafür vielleicht nicht nur Hohn und Spott zu kassieren oder aus der Klassengemeinschaft ausgegrenzt zu werden, sondern auch, selbst Opfer von Streichen zu werden. Bei seinem Handeln hatte er nicht sein eigenes Wohlergehen im Blick, sondern er hat sich für einen Dritten, den Lehrer, eingesetzt und damit Zivilcourage bewiesen. Mit seinem Verhalten hat er das seiner Mitschüler zum Positiven beeinflusst: Durch sein beherztes Eingreifen hat er die anderen zum Nachdenken, zur Diskussion und schließlich dazu angeregt, die Streiche bleiben zu lassen. Er hat also nicht nur den Lehrer „gerettet“, sondern war auch ein Vorbild für seine Klassenkameraden.

Antonio hat nicht für jemand anderen gehandelt, sondern einfach auf sein inneres Gefühl gehört und seine eigenen Wünsche respektiert. Er hat also nicht Zivilcourage im engeren Sinn bewiesen. Allerdings hat er großen Mut gezeigt, weil er dem enormen Erwartungsdruck der Zuschauer letztlich nicht gewichen ist. Er hat die Gefahr in Kauf genommen, den Respekt der Beobachter zu verlieren, und hat dadurch genau das Gegenteil erreicht: deren Bewunderung. Auch seine eigene Selbstachtung ist durch die Entscheidung, nicht gegen sein inneres Gefühl vom Sprungbrett zu springen, enorm gestiegen. Mit seinem Verhalten dient er auch anderen Leuten als Vorbild, die so lernen, dass man aus einer Situation des Gruppenzwangs gerade dann als „Sieger“ hervorgeht, wenn man sich diesem nicht beugt. Deshalb sollte Antonio den zweiten Platz bekommen. 2. Platz

Franz war in seiner Gruppe der Einzige, der sich getraut hat, sich treu zu bleiben und dem Abteilungsleiter zu widersprechen. Er hat damit großen Mut bewiesen. Schließlich konnte er nicht wissen, ob sein Verhalten nicht auch negative Auswirkungen auf seine Bewerbung um die Lehrstelle haben würde. Allerdings hat er nicht aus Nächstenliebe zum Wohl eines anderen oder der Gemeinschaft gehandelt, also ebenfalls keine Zivilcourage im engeren Sinne bewiesen. Er war auch nicht direkt ein Vorbild für andere, da die Mitbewerber vermutlich nie erfahren haben, dass der Abteilungsleiter sein Verhalten positiv bewertet hat. Deshalb steht Franz – obwohl er große Bewunderung verdient hat – auf Platz 3 meiner Rangliste. 3. Platz

Alle drei Jungen haben in jedem Fall Mut bewiesen und einen Platz auf dem Treppchen verdient. **Schlussgedanke**

Englisch

Hinweise und Tipps

Im Folgenden erfährst du alles Wichtige zu den verschiedenen Aufgabenarten sowie zum Ablauf der Prüfung im **Fach Englisch**.

Wie ist die Prüfung aufgebaut?

Die **schriftliche Prüfung** im Fach Englisch dauert insgesamt **120 Minuten** und besteht aus zwei Teilen:

Teil 1: **Leseverstehen**
Teil 2: **Schreiben**

Der Bereich Leseverstehen ist in vier Teile unterteilt, wobei du hier v. a. *multiple choice* und *true or false*-Aufgaben bearbeiten musst. Im Prüfungsteil Schreiben musst du mithilfe von Vorgaben z. B. kurze Briefe oder Mails verfassen.

Die **dezentrale mündliche Prüfung** im Fach Englisch findet vor der schriftlichen Prüfung statt und dauert **ca. 20 bis 25 Minuten**. Sie besteht aus vier Teilen:

Teil 1: **Hör-, Hör-/Sehverstehen** (hier musst du einem Hörtext z. B. Bilder zuordnen oder Fragen zu einem Hörtext beantworten. Du musst hier nichts aufschreiben.)
Teil 2: **Monologisches Sprechen** (d. h., du hältst einen Vortrag bzw. erzählst etwas zu einem Thema)
Teil 3: **Dialogisches Sprechen** (d. h., du unterhältst dich mithilfe von Rollenkarten mit einem Partner/einer Partnerin)
Teil 4: **Sprachmittlung** (hier musst du die Rolle des Dolmetschers einnehmen und zwischen zwei Partnern, die entweder nur Deutsch oder Englisch sprechen, vermitteln).

<table>
<tr><th>Prüfungsteile</th><th>Dauer</th><th colspan="2">Prüfungsanteil</th></tr>
<tr><td rowspan="2">Zentrale schriftliche Prüfung
I. Leseverstehen
II. Schreiben</td><td rowspan="2">120 min.</td><td rowspan="2">50 %</td><td>25 %
Zentrale schriftliche Prüfung</td></tr>
<tr><td>25 %
Zusätzliche mündliche Prüfung</td></tr>
<tr><td>Verpflichtende dezentrale mündliche Prüfung
I. Hör-, Hör-/Sehverstehen
II. Monologisches Sprechen
III. Dialogisches Sprechen
IV. Sprachmittlung</td><td>20 – 25 min.</td><td colspan="2">50 %</td></tr>
<tr><td colspan="4">Endnote: Jahresleistung und Prüfungsleistung jeweils 50 %</td></tr>
</table>

Was ist ein *Answer Sheet?*

Nachdem du die Aufgaben bearbeitet hast, musst du deine **Ergebnisse auf ein *Answer Sheet* übertragen**. Überprüfe danach noch einmal, ob du deine Lösungen richtig eingetragen hast. Es ist schade, wenn du hier durch Übertragungsfehler Punkte vergibst, denn für die Bewertung ist nur das *Answer Sheet* ausschlaggebend.

Welche Hilfsmittel sind erlaubt?	Du darfst in den Teilen Leseverstehen und Schreiben während der gesamten Prüfungszeit ein **zweisprachiges Wörterbuch** benutzen.
Wie wird die Prüfung bewertet?	Die **Gesamtbewertung** errechnet sich wie folgt: ▶ Die Note der dezentralen mündlichen Prüfung und die Note der schriftlichen Prüfung werden gleich gewichtet. ▶ Falls eine zusätzliche mündliche Prüfung abgelegt wird, zählt diese Note genauso viel wie das Ergebnis der schriftlichen Prüfung. ▶ Beachte auch, dass neben deiner Gesamtprüfungsleistung deine Jahresleistung zu 50 % in die Endnote einfließt.
Zusätzliche mündliche Prüfung	Nachdem die Noten in der schriftlichen Prüfung bekannt gegeben wurden, kann **freiwillig** eine **zusätzliche mündliche Prüfung** abgelegt werden, um eine **Verbesserung der Gesamtnote** zu erzielen. Die mündliche Prüfung erfolgt als Einzel- oder Gruppenprüfung und dauert ca. 10 Minuten je Fach. Du kannst hier ein **Schwerpunktthema** wählen, das dem Stoffgebiet der 10. Klasse entnommen ist. Es kann also sein, dass du zwei mündliche Prüfungen ablegst, falls du dich, neben der verpflichtenden dezentralen mündlichen Prüfung, noch zusätzlich mündlich prüfen lässt.

Abschlussprüfung der 10. Klasse an Werkrealschulen in Baden-Württemberg
Englisch 2009

I. Reading Comprehension

25 Punkte

Part 1 – Signs, sayings and e-mails: Questions 1–6

6 Punkte

What do these signs, sayings and e-mails say?
Mark A, B or C and tick the correct boxes on the answer sheets.

Example:

Nothing of value is left in this van at night

A [X] Valuable objects are removed at night.
B [ ] Valuables should not be left in the van.
C [ ] This van is locked at night.

1. Life becomes harder for us when we live for others, but it also becomes richer and happier.
Albert Schweitzer

A [ ] Caring about other people is always easy.
B [ ] Helping others gives us happiness and satisfaction.
C [ ] You earn more money by helping others.

2. Do what you can with what you have, wherever you are.
Theodore Roosevelt

A [ ] Put all your efforts in everything you do.
B [ ] You must always do something.
C [ ] Wherever you are, be careful.

3. The hardest thing is to take less when you can take more.
Frank Mc Kinney Hubbard

A [ ] It's hard to take more.
B [ ] Greed is a big human problem.
C [ ] Taking less is easier than taking more.

4. **In the cafeteria:**
No vegetarian food due to delivery problems.
Order pasta without sauce instead.

A [ ] The vegetarian dish is sold out.
B [ ] The vegetarian dish is spaghetti with tomato sauce.
C [ ] Vegetarian food was not provided by the delivery service.

5.

On toy packing:

Choking hazard.
Contains small parts.
Not to be used under the age of three.

A ☐ It's dangerous to play with this toy.

B ☐ Children should only play with this toy when they are at last 3 years old.

C ☐ This packaging is so small that it can be swallowed.

6.

E-mail:

Easy-Fly to Paul Scott:
Thank you for booking your ticket at our agency. Due to new security standards at the airport we draw your attention to the attached hand luggage restrictions information.

A ☐ You have to pay for your hand luggage.

B ☐ The airport has high security standards.

C ☐ Please read the updated information about hand luggage restrictions carefully.

Part 2 – Article: Questions 7–13

7 Punkte

Read the text and fill in the gaps. Mark the correct answers on your answer sheet.

How does the greenhouse effect work?

It is energy from the sun which influences the earth's ____________ (**7**) and climate and heats the earth's surface. In turn the earth radiates energy back into space. However, greenhouse gases like water vapour, carbon dioxide, and other gases, ______________ (**8**) some of the outgoing energy. The gases act like the glass panels in the greenhouse. If we didn't have this greenhouse effect, temperatures would be much lower than they are today. In fact life as we now______________ (**9**) it would not be possible.

Thanks to the greenhouse effect the earth's ______________ (**10**) temperature is a friendly 17.8 ° Celsius. The problems arise when the atmospheric concentration of greenhouse gases ______________ (**11**), as is now the case.

Since the beginning of the ______________ (**12**) revolution in the 18th and 19th centuries, atmospheric concentration of carbon dioxide has increased by nearly 30 %, and the concentration of methane, a gas that is even more damaging than CO_2, has more than doubled.

As a result, the planet is getting ______________ (**13**).

From: READ ON, January 2007, No. 598

	A	B	C	D
7.	☐ rain	☐ weather	☐ fog	☐ water
8.	☐ trap	☐ leave	☐ lead	☐ destroy
9.	☐ had	☐ know	☐ knew	☐ have known
10.	☐ best	☐ lowest	☐ highest	☐ average
11.	☐ slows down	☐ keeps the same	☐ increases	☐ falls
12.	☐ industrial	☐ natural	☐ economic	☐ French
13.	☐ friendlier	☐ colder	☐ warmer	☐ bigger

Part 3 – Text

7 Punkte

Are the statements true or false or not in the text? Mark them with a cross on your answer sheet.

Robert Baden-Powell – father of the Scouts

Often those who are most successful in life are those who use their skills to do something that no one has ever done before.
Such was the case with Robert Baden-Powell, the father of the world's scouting movement. Known during his lifetime as B-P, Baden-Powell was born in London on 22nd February 1857. He was the eighth of ten children, and his father died when he was only three years old.
Robert's teachers didn't have much hope for him. In one of his end-of-term reports they wrote, "Mathematics: Has to all intents given up the study" and "French: Could do well, but has become lazy. Often he sleeps in class."
Outdoors, however, B-P had an immense appetite for learning, He would play in the woods near the school, tracking and studying small animals.
After having been in the British Army in South Africa he returned to England in 1903. England had seen the establishment of various youth organisations. Through several outdoor and group activities they aimed to teach middle class children good morals and how to be a good citizen. Baden-Powell became involved in one such organisation, the Boys' Brigade. Seeing how he could apply his knowledge, he decided to write a handbook specifically for boys. To test his ideas, he invited about 20 boys to camp on Brownsea Island off England's south coast.
Baden-Powell died in 1941 in Kenya where he had spent the last years of his life. Today, more than 28 million scouts carry on his work in nearly every country of the world.

From: Spotlight, 2007, Heft 8, www.spotlight-online.de

Statements – 'true' or 'false' or 'not in the text'?

	true	false	not in the text
14. Using your skills to do something unusual always makes you successful.	☐	☐	☐
15. Robert B-P had many younger brothers and sisters.	☐	☐	☐
16. Robert's father was a member of the British Army.	☐	☐	☐
17. He didn't like his French teacher.	☐	☐	☐
18. Youth organizations for middle class children were popular in England at the beginning of the 20th century.	☐	☐	☐
19. Because of his ideas he was invited by 20 boys to a camp.	☐	☐	☐
20. Robert Baden-Powell was an author.	☐	☐	☐

Part 4 – Story

5 Punkte

Complete the sentences by choosing the correct endings to each sentence. Mark the correct answers on your answer sheet.

Time out for a laugh

It was one of our coach trips to England. Everything was going smoothly. There was a lot to see and we were having a lot of fun. While in London we were invited to meet the teachers of one of the big schools. The visit was to turn out very funny indeed.

After exchanges of greetings with the English staff we made ourselves comfortable in the old armchairs in the staff room. We had just started talking when the door opened and our German coach driver came in. It had taken him some time to park the coach in the car park and he was very glad to have found us in the staff room."Oh, do come in", the English head teacher said, thinking that the last German teacher had arrived. "Make yourself at home", he said inviting him to sit down in one of the armchairs. He seemed to like our jolly and friendly coach driver and wanted to address him in a few German sentences that he had learned some time ago. "Herzlich willkommen! Und was unterrichten Sie?"

"Ich bin der Fahrer der Gruppe", our driver replied in his own native accent quite glad he did not have to speak English though his English was not bad at all. But here the trouble started. He had said 'Fahrer' but the head teacher had understood 'Pfarrer'.

That's really great", the head teacher went on. "But isn't it really unusual for a man like you to accompany a coach party to England?"

"Not at all", the driver replied. "Seems as if I am the most important man on board the coach. We can't go on if I am not there."

The head teacher was somewhat surprised at that statement but did not show any feelings. He asked another question, "How do you get along with all the people in your group?" "Extremely well. We do a lot of singing. What we like best are the popular chart hits." Head teacher and staff were impressed by this modern clergyman. "Tell us, please, what do you find most difficult in this country from your point of view." The answer came promptly and unexpectedly, "driving on the left."

Our English friends did not know what to say. At last the head teacher wanted to get out of this embarrassing situation. He wanted to come to the point, "I wonder whether you have morning or evening prayers with the group."

"That would be going too far really. That's not my business", the driver replied. There was silence for some time.

"But you told us you were a clergyman, didn't you?" Our group could not help laughing. "I'm the driver", he said and then he added in German, "Ich bin der Fahrer, nicht der Pfarrer."

From: "Englisch", Cornelsen, 1992, Heft 4

21. The story is about
- A ☐ a boat trip.
- B ☐ German teachers visiting a big school
- C ☐ a class trip to England.

22. The coach driver
- A ☐ didn't find a car park.
- B ☐ couldn't speak English.
- C ☐ met the teachers in the staff room.

23. The head teacher
- A ☐ couldn't speak German.
- B ☐ understood a little German.
- C ☐ understood the driver.

24. The head teacher
- A ☐ thought he was talking to a clergyman.
- B ☐ thought he was talking to a coach driver.
- C ☐ wasn't astonished at all.

25. The situation
- A ☐ had to do with incorrect conversation.
- B ☐ had to do with incorrect spelling.
- C ☐ had to do with incorrect pronunciation.

Now write your answers on the answer sheet.

Abschlussprüfung der 10. Klasse an Werkrealschulen in Baden-Württemberg
Englisch 2009

Reading – Answer Sheet

Name: ______________________

Parts 1–4: Mark the correct boxes with a cross.

Part 1

Number	A	B	C	
1				
2				
3				
4				
5				
6				/6

Part 2

Number	A	B	C	D	
7					
8					
9					
10					
11					
12					
13					/7

Part 3

Number	true	false	not in the text	
14				
15				
16				
17				
18				
19				
20				/7

Part 4

Number	A	B	C	
21				
22				
23				
24				
25				/5

__________ /25

II. Writing

35 Punkte

Part 1 – Sentences

5 Punkte

Here are some sentences about three students who are sharing a **flat**. Complete the second sentence so that it means the same as the first **using no more than three words**.

Example:
1. This is the first time Terry has lived in a city.
2. Terry has **never lived** in a city before.

1. The flat is near their college.
The flat is ______________________ their college.

2. Amy moved in two months ago.
Amy has been living here ___________________________ now.

3. The flat has three bedrooms.
There ______________________________ in the flat.

4. Harry's bedroom is too small for his step machine.
His bedroom doesn't ______________________________ for his step machine.

5. Terry offered the landlord to help with the gardening.
Terry: "I _________________________________ with the gardening."

Part 2 – E-mail

6 Punkte

For the summer holidays you are looking for a job abroad. As you want to combine leisure with work you decide to look for a job at the seaside. On a website you saw an ad from a pub in Brighton on the English coast offering a job in the bar.

Write an e-mail to the owner of the pub, Ben Taylor:
- Tell him where you found his advertisement.
- Ask about the working hours and the salary.
- Say why you think you are the one who should get the job.
- Ask for a telephone interview.

Write at least 40 words.

From: ________________

To: Ben Taylor

Subject: job application

Now please count your words: _________

Part 3 – Letter

12 Punkte

Steve ordered a pair of jeans from Tally's mail-order catalogue. However, the jeans were of poor quality. He writes a letter and complains about the jeans.

Write Steve's letter. Write about 100 words.

DARTMOOR JEANS

for work, play and fashion

- Top quality
- Fadeless fabric
- Don't shrink
- Money back if dissatisfied

Steve writes:
- jeans: hole
- washing: smaller
- washing: colour fades
- zip: not working
- change them for a different pair
- refund of postage

Now please count your words: ________

Part 4 – Story 12 Punkte

Write a story. Your story has the title below.
Write about 100 words.

Winning the competition

Now please count your words: ________

Lösungen

I. Reading Comprehension

***Allgemeiner Hinweis:** Deine Lösungen im Teil* Reading Comprehension *musst du in ein* Answer Sheet *übertragen. Überprüfe deshalb zum Schluss, ob du alles richtig übertragen hast! Nur die Lösungen auf deinem* Answer Sheet *zählen.*

Part 1 – Signs, sayings and e-mails: Questions 1–6

***Hinweis:** Übersetze dir die Texte. Schlage im Wörterbuch nach, wenn du glaubst, ein Wort zum Ankreuzen der richtigen Lösung zu brauchen.*

Example:

Nothing of value is left in this van at night

A [X] Valuable objects are removed at night.
B [ ] Valuables should not be left in the van.
C [ ] This van is locked at night.

1. Life becomes harder for us when we live for others, but it also becomes richer and happier.
Albert Schweitzer

A [ ] Caring about other people is always easy.
B [X] Helping others gives us happiness and satisfaction.
C [ ] You earn more money by helping others.

2. Do what you can with what you have, wherever you are.
Theodore Roosevelt

A [X] Put all your efforts in everything you do.
B [ ] You must always do something.
C [ ] Wherever you are, be careful.

3. The hardest thing is to take less when you can take more.
Frank Mc Kinney Hubbart

A [ ] It's hard to take more.
B [X] Greed is a big human problem.
C [ ] Taking less is easier than taking more.

4. **In the cafeteria:**
No vegetarian food due to delivery problems.
Order pasta without sauce instead.

A [ ] The vegetarian dish is sold out.
B [ ] The vegetarian dish is spaghetti with tomato sauce.
C [X] Vegetarian food was not provided by the delivery service.

5.

On toy packing:

Choking hazard.
Contains small parts.
Not to be used under the age of three.

- A ☐ It's dangerous to play with this toy.
- B ☒ Children should only play with this toy when they are at last 3 years old.
- C ☐ This packaging is so small that it can be swallowed.

6.

E-mail:

Easy-Fly to Paul Scott:
Thank you for booking your ticket at our agency: Due to new security standards at the airport we draw your attention to the attached hand luggage restrictions information.

- A ☐ You have to pay for your hand luggage.
- B ☐ The airport has high security standards.
- C ☒ Please read the updated information about hand luggage restrictions carefully.

Part 2 – Text

Hinweis: *Lies dir den Text aufmerksam durch, damit du eine Vorstellung davon bekommst, um was es geht. Schlage nur im Wörterbuch nach, wenn du dir nicht sicher bist, was ein Wort bedeutet, das wichtig für den Textzusammenhang ist.*

	A	B	C	D
7.	☐ rain	☒ weather	☐ fog	☐ water
8.	☒ trap	☐ leave	☐ lead	☐ destroy
9.	☐ had	☒ know	☐ knew	☐ have known
10.	☐ best	☐ lowest	☐ highest	☒ average
11.	☐ slows down	☐ keeps the same	☒ increases	☐ falls
12.	☒ industrial	☐ natural	☐ economic	☐ French
13.	☐ friendlier	☐ colder	☒ warmer	☐ bigger

Part 3 – Text

Statements – 'true' or 'false' or 'not in the text'?

	true	false	not in the text
14. Using your skills to do something unusual always makes you successful.	☐	☒	☐

Hinweis: successful = erfolgreich

	true	false	not in the text
15. Robert B-P had many younger brothers and sisters.	☐	☒	☐

Hinweis: He was the eighth of ten children. (Z. 5 f.)

	true	false	not in the text
16. Robert's father was a member of the British Army.	☐	☐	☒
17. He didn't like his French teacher.	☐	☐	☒
18. Youth organizations for middle class children were popular in England at the beginning of the 20th century.	☒	☐	☐

Hinweis: England had seen … (Z. 14 f.);
to be popular = weitverbreitet/beliebt sein

	true	false	not in the text
19. Because of his ideas he was invited by 20 boys to a camp.	☐	☒	☐

Hinweis: … he invited 20 boys to camp on … (Z. 19);
to be invited = eingeladen werden

	true	false	not in the text
20. Robert Baden-Powell was an author.	☒	☐	☐

Hinweis: … he decided to write a handbook … (Z. 18)

Part 4 – Story

Hinweis: Lies den Text aufmerksam durch. Suche die Aussagen im Text und entscheide, ob sie richtig oder falsch sind oder gar nicht im Text vorkommen.

21. The story is about
- A ☐ a boat trip.
- B ☒ German teachers visiting a big school
- C ☐ a class trip to England.

Hinweis: Z. 3, 10

22. The coach driver
- A ☐ didn't find a car park.
- B ☐ couldn't speak English.
- C ☒ met the teachers in the staff room.

Hinweis: Z. 6/7

23. The head teacher
- A ☐ couldn't speak German.
- B ☒ understood a little German.
- C ☐ understood the driver.

Hinweis: Z. 12

24. The head teacher

A [x] thought he was talking to a clergyman.
B [ ] thought he was talking to a coach driver.
C [ ] wasn't astonished at all.

Hinweis: Z. 16

25. The situation

A [ ] had to do with incorrect conversation.
B [ ] had to do with incorrect spelling.
C [x] had to do with incorrect pronunciation.

Hinweis: Z. 16

II. Writing

Part 1

Hinweis: *Überlege dir Synonyme bzw. Umschreibungen zu den einzelnen Sätzen.*

1. The flat is near their college.
   The flat is **next to/not far from/close to** their college.
2. Amy moved in two months ago.
   Amy has been living here **for two months** now.
3. The flat has three bedrooms.
   There **are three bedrooms** in the flat.
4. Harry's bedroom is too small for his step machine.
   His bedroom doesn't **have enough space/room** for his step machine.
5. Terry offered the landlord to help with the gardening.
   Terry: "I **can help you/will help you/'ll help you** with the gardening."

Part 2 – E-mail

Hinweis: *Baue alle Angaben in deine E-Mail ein. Beachte, dass du vollständige Sätze schreibst und wenigstens 40 Wörter verwendest. Im Teil* Writing *darfst du auch dein Wörterbuch benutzen.*

From: (your name)
To: Ben Taylor
Subject: job application

Dear Mr Taylor,

I saw an ad from your pub on a website and as I am interested in the job that you are offering, I would like some further information. Could you please tell me how many hours a week I could work and how much I would earn?
I would love to work for you as I've already worked in an English pub in Germany. I really enjoyed that.
May I get your telephone number for a telephone interview?

Yours sincerely, (your name) *(81 words)*

Part 3 – Letter

Hinweis: Beachte hier die Anrede und den Schluss in einem förmlichen Brief. Verwende alle Stichwörter und formuliere ganze Sätze. Da in der Angabe keine Adresse angegeben ist, kannst du sie auch nicht einsetzen. Zur Vollständigkeit sind in dieser Lösung jedoch Adressen eingefügt, sodass du weißt, wie diese in England geschrieben werden.

22 York Street
Bridewell
BR 8 50

Dartmoor Jeans
Clifton
CL 5 2RE

3rd July …

Dear Sir or Madam:

I'm writing to complain about my jeans, which I ordered from your mail-order catalogue. In your advertisement you say that your jeans are top quality: the colours don't fade, the pants won't shrink and you'll give back the money if customers are dissatisfied. However, the jeans I ordered are of poor quality:
Firstly, there is a hole in the seat. Secondly, after the first wash they had shrunk and the colour had faded. Moreover, the zipper doesn't work. I hope you will exchange the jeans for another pair and will refund the postage.

Yours sincerely,

Steve Owen *(101 words)*

Part 4 – Story

Hinweis: Hier kannst du dir ganz frei eine Geschichte ausdenken, wobei die Geschichte jedoch mit der Überschrift zu tun haben muss. Formuliere ganze Sätze und schreibe mindestens 100 Wörter.

Winning the competition

Jenny Clark was a good skier but one day she had a bad accident. After her operation, Jenny started to swim and soon got stronger. She even decided to take part in a 5 mile run. She had never run a race before but she came second. Jenny was proud, but she wanted to come first. When she met a triathlon expert, Jenny wanted to try this sport, too. She trained very hard and decided to take part in the triathlon in Hawaii.
In the morning, Jenny and hundreds of other people began the 2.4 mile ocean swim. Jenny swam as fast as she could. After that she climbed on her bike and began the 112 mile bike race. 6 hours and 20 minutes later she started the 26 mile run. As she crossed the finish line she heard her name and her time: 12 hours, 3 minutes and 26 seconds. She came first in her age group and was very happy. *(161 words)*

I. Reading Comprehension

25 Punkte

Part 1 – Signs: Questions 1–6

6 Punkte

What do these signs, sayings and e-mails say?
Mark A, B or C on the answer sheet.

Example:

Nothing of value is left in this van at night.

A ☐ The van is locked at night.
B ☐ Valuables should not be left in the van.
C ☒ Valuable objects are removed at night.

1. This plant will grow better if you water it daily.

A ☐ You should water this plant daily.
B ☐ You mustn't water this plant daily.
C ☐ You have to water plants daily.

2. Throw away any remaining medicine within one month after opening this bottle

A ☐ The bottle has to be opened after one month.
B ☐ Exposed to air, this medicine must be used within 30 days.
C ☐ This bottle includes sufficient medicine for one month.

3. Please move down inside the bus to allow room for further passengers.

A ☐ You are requested to sit down in this bus.
B ☐ More passengers want to get on the bus.
C ☐ Make it possible for other passengers to get on.

4. Don't judge a book by its cover.
English proverb

A ☐ Book covers are sometimes misleading.
B ☐ Judging things is complicated, judging books, too.
C ☐ Appearances can be deceiving.

5.

> Anyone who has never made a mistake has never tried anything new.
>
> Albert Einstein

A ☐ You never make mistakes if you try hard enough.

B ☐ Trying new things often includes making mistakes.

C ☐ Trying new things should be planned carefully to avoid mistakes.

6.

> **E-mail from Jill to Adrian**
>
> Hi Adrian, sorry I can't come to your house-warming party tonight. I'm moving places myself and my new roommate and I have to clean the kitchen.
> Have fun!
>
> Jill

A ☐ Adrian has moved into a new apartment.

B ☐ Adrian is asking Jill to go out.

C ☐ Jill doesn't want to go to Adrian's party.

Part 2 – Text: Questions 7–12

6 Punkte

Complete the sentences by choosing the correct endings to each sentence. Mark A, B or C on the answer sheet.

A lucky tortoise

Most people in England know Ruth Jones who starred in *Gavin and Stacey, Little Britain* and many other successful comedy shows. Now her pet tortoise Tom has also become a national celebrity.
Tom has been a member of the family for over fifty years, so when he disappeared from the Jones' home in Penylan, Cardiff, Ruth was very upset. She put up posters everywhere and even telephoned Cardiff Council, but nobody had seen him.
Then Tom was spotted travelling down a conveyor belt at the local recycling plant. He had already been through the machine with sharp spikes that rips open bin bags and he had survived the glass crusher, but he was saved by an eagle-eyed worker just seconds before entering the shredder. "It was a huge surprise to see the tortoise on the line, we get some incorrect materials coming through here, but it is the first time for a tortoise", said Paul Cowling to a reporter from the Press Association. However, he was even more surprised to find out that Tom belonged to Ruth Jones. The curious tortoise had climbed into a bin bag at home and the rubbish truck had taken it away to the factory.
Jones was delighted to have her pet back and thanked the workers for rescuing him. The story got onto the news, making Tom one of the most famous tortoises in history, along with Charles Darwin's Galapagos tortoise Harriet. Harriet died in 2006 aged 176. Let's hope Tom will live at least that long.

Adapted from: "A tortoise in the rubbish". Read on. Carl Ed. Schünemann KG, Heft 620, 55. Jahrgang, November 2008

7. The story is about
A ☐ a pet gone missing.
B ☐ a man gone missing.
C ☐ a pet shop.

8. For over 50 years Tom has been
A ☐ a national celebrity.
B ☐ a member of a comedy show.
C ☐ living with Ruth's family.

9. Someone discovered him
A ☐ on a conveyor belt.
B ☐ under a plant.
C ☐ in the glass crusher.

10. The tortoise was just about to
A ☐ open the bin bag.
B ☐ save an eagle-eyed worker.
C ☐ enter the shredder.

11. The tortoise
A ☐ had gone for a walk.
B ☐ had climbed into the rubbish.
C ☐ had been abandoned.

12. The owner was
A ☐ relieved to see him unharmed.
B ☐ worried about her career.
C ☐ happy without the tortoise.

Part 3 – Articles: Questions 13–19

7 Punkte

Read the text and fill in the gaps. Mark A, B, C or D on your answer sheet.

Everyday life?

A man sat at the metro station in Washington D.C. and ____________ (**13**) to play the violin; it was a cold December morning. In the next 45 minutes, he played six pieces by Johann Sebastian Bach.
During that time, since it was rush hour, it was calculated that roughly a thousand people went ____________ (**14**) the station, most of them on their way to work. Three minutes went by before a middle-aged man noticed there was a musician playing. He slowed his pace and stopped for a few seconds then hurried on to meet his schedule. A minute later, the violinist ____________ (**15**) his first dollar tip: a woman threw the money in the till without stopping and continued to walk.

A few minutes later, a man leaned against the wall to listen to the violinist but then looked at his watch and started to walk again. Clearly he was late for work. The one who paid most attention was a three-year-old boy. His mother tugged him along and tried to hurry him on, but the kid stopped to look at the violinist. Finally the mother pushed hard and the child continued to walk, turning his head to look back all the time. This ______________ (**16**) was repeated by several other children. All the parents, without exception, forced them to move on.

In the 45 minutes the musician played, only six people stopped and stayed for a while. About twenty gave him money but continued to walk their normal ______________ (**17**). He collected $ 32. When he finished playing and silence took over, no one noticed it. No one applauded, nor was there any recognition.

No one knew this, but the violinist was Joshua Bell, one of the best musicians in the world. He played one of the most intricate pieces ever written with a violin worth 3.5 million dollars. Two days before his playing in the subway, Joshua Bell sold out at a theater in Boston with ticket prices averaging $ 100.

This is a real story. Joshua Bell playing incognito in the metro station was organized by the Washington Post as part of a ______________ (**18**) experiment about perception, taste and priorities of people. The outlines were – in a commonplace environment at an inappropriate hour: Do we perceive beauty? Do we stop to appreciate it? Do we recognize the talent in an unexpected context?

One of the possible conclusions reached from this experience could be: if we do not have a moment to stop and listen to one of the best musicians in the world playing the best music ______________ (**19**) written, how many other things are we missing?

Adapted From: "Pearls before breakfast" by Gene Weingarten. THE WASHINGTON POST, April 8, 2007, Page W10

	A	B	C	D
13.	☐ started	☐ stopped	☐ learned	☐ helped
14.	☐ upon	☐ through	☐ behind	☐ up
15.	☐ won	☐ lost	☐ received	☐ spent
16.	☐ action	☐ game	☐ work	☐ thinking
17.	☐ foot	☐ pace	☐ space	☐ job
18.	☐ useless	☐ physical	☐ strange	☐ social
19.	☐ ever	☐ never	☐ always	☐ often

Part 4 – Article: Questions 20–25

6 Punkte

Are the statements true or false or not in the text?
Mark the correct answers on your answer sheet.

Teens turn deaf ear to risks of MP3 players

NEW YORK (Reuters Health). Teenagers often know that loud music can damage their hearing, yet most see no reason to lower the volume on their iPods. In group discussions with lots of students at two high schools in the Netherlands, researchers found that the teens were generally aware that blasting an MP3 player could harm their hearing. Yet most said they usually played their own device at maximum volume and had no plans to change that.

Like many teenagers, the students often denied their own personal risk. Most knew the general hazard of loud music, but believed they had a "low personal vulnerability" to hearing loss, the researchers report in a medical journal. The researcher Ineke Vogel told Reuters Health in an e-mail interview, "We strongly recommend parents to inform their children and to discuss with their children the use of MP3 players and the potential long-term, irreversible consequences for hearing capacity." Parents can also look for signs of a problem, like when a child complains of ringing in the ears or sounds being "muffled", according to Vogel.

Based on the focus-group discussions the researchers note that many parents may be unaware of the hearing risks posed by MP3 players. Of the 73 students in the study group, few said that their parents had warned them playing the devices too loudly could harm their hearing.

Many students said they did not know how to tell when their MP3 players were too loud. Volumes at or above 90 decibels (dB) are believed to be hazardous, Vogel's team notes, but noise levels need to reach 120 dB to 140 dB to become uncomfortable or painful. For now, Vogel and her colleagues recommend that, as a 'general rule of thumb', MP3 users set the volume no higher than 60 per cent of its full capacity when using 'ear-bud-style' headphones, like those that come up with iPods.

With over-the-ear headphones, they recommend 70 per cent as the maximum.

Adapted from: www.reuters.com., March 26, 2008. Amy Norton

Statements – 'true' or 'false' or 'not in the text'.	true	false	not in the text
20. Researchers found out that many teenagers act as if they were not in danger of losing their hearing.	☐	☐	☐
21. MP3 players can cause severe headaches.	☐	☐	☐
22. Parents should watch their children carefully and watch for signs of physical problems.	☐	☐	☐
23. Music starts being too loud when the noise level reaches 120 decibels.	☐	☐	☐
24. A lot of students are not sensitive enough to set their players to an appropriate noise level.	☐	☐	☐
25. Good advice is to limit the volume to 70 % when using plug-in headphones.	☐	☐	☐

Now write your answers on the answer sheet.

Abschlussprüfung der 10. Klasse an Werkrealschulen in Baden-Württemberg
Englisch 2010

Reading – Answer Sheet

Name: ____________________

Part 1: Mark A, B or C on the answer sheet.
Part 2: Mark A, B or C on the answer sheet.
Part 3: Mark A, B, C or D on the answer sheet.
Part 4: Mark the correct answer on the answer sheet.

Part 1

Number	A	B	C	
1				
2				
3				
4				
5				
6				/6

Part 2

Number	A	B	C	
7				
8				
9				
10				
11				
12				/6

Part 3

Number	A	B	C	D	
13					
14					
15					
16					
17					
18					
19					/7

Part 4

Number	true	false	not in the text	
20				
21				
22				
23				
24				
25				/6

__________ /25

II. Writing

35 Punkte

Part 1 – Sentences

6 Punkte

Here are some sentences about the Football World Cup in South Africa. Complete the second sentence so that it means the same as the first, **using no more than three words**.

Example:
1. The snack bar is near the entrance.
2. The snack bar is **not far from** the entrance.

1. The Football World Cup isn't taking place in Europe this time.
The Football World Cup is taking place on ______________________ continent: Africa.

2. A lot of football fans are going to South Africa for the first time this year.
A lot of football fans ______________________ to South Africa before.

3. Hopefully, the weather will be great.
Hopefully, the sun ______________________ a lot.

4. The national football clubs in Europe support some fans with free tickets.
Some free tickets ______________________ to fans by national football clubs in Europe.

5. Generally, the ticket prices are not as high as in Germany 2006.
Generally, the ticket prices ______________________ than in Germany 2006.

6. The matches will be broadcast worldwide.
The matches are on TV all ______________________.

Part 2 – E-mail

7 Punkte

Your parents are on holiday for two weeks and you are at home alone. So, you are going to have a small party at your house. Ask a friend to come.

Write an e-mail to your friend:
- Invite your friend to the party.
- Tell your friend the reason for the party.
- Say why you are inviting your friend.
- Ask your friend to bring something along (food/drink/etc.).
- Tell your friend the date, time and place of the party

Write at least 40 words.

From: ______________ To: ______________

Subject: Home alone – party time!

____

____

____

____

____

____

____

____

____

Now please count your words: ________

Part 3 – Letter

10 Punkte

You found these two letters in the online youth magazine 'seventeen'.
Read the correspondence carefully and work out the task given below.

I spend too much time online!

Dear seventeen,

I have a problem with being on the computer too long and I need help. I stay on it all day and if someone asks me to go outside, I say no. I am addicted to MySpace and things like that. How can I stop?

Katie, 15, Williamston, SC

Dear Katie,

we can relate to you. Sometimes the internet can draw you in so deeply, you don't even realize how much time has passed since you've been on it! One thing can lead to another and suddenly those one or two profiles you wanted to check out on MySpace turn into 20 or 30, plus e-mail, chatting, games … and so on and on. Cutting back your online time can be tough, but the fact that you recognize your need to do so is an amazing first step. Now, for your second step: set a timer (like the one on your mobile) for 30 minutes and put it next to you when you go online. When the timer rings, force yourself to log off the computer. For the first week, limit yourself to three 30-minute sessions per day. This will give you enough time to check the things you need to and to play around, but it won't suck away your entire day. Also start replacing your internet habits with other activities: make plans to hang out with friends, try out a new sport, write in your journal, join a school club or even help your parents around the house. Soon you'll be so busy with new fun activities that cutting down your internet usage won't seem as hard. You'll be distracted from the computer and appreciate that there's a whole big world beyond your keyboard and screen.
But if you have trouble sticking with our suggestions (and/or your time online starts to negatively affect your grades or your friendships), you might need additional help to kick the habit, so discuss the situation with your parents or another adult you trust.

Adapted from: www.seventeen.com

Du findest diesen Leserbrief im Internet. Einer deiner Freunde ist von dem Problem selbst betroffen. Fasse für ihn das Problem im Leserbrief zusammen und schreibe vier der Ratschläge auf, die in der Antwort vorgeschlagen werden.

Schreibe sinngemäß und in ganzen Sätzen auf Deutsch!

Part 4 – Story

12 Punkte

Write a story with the heading below.
Write at least 100 words.

The suitcase

Nobody knew what Jessica had in her suitcase …

Now please count your words: ________

Lösungen

I. Reading Comprehension

Allgemeiner Hinweis: *Um den Sinn eines Textes zu erfassen, musst du nicht jedes Wort verstehen. Fehlt dir ein Wort zum Verständnis, kannst du im Wörterbuch nachschlagen. Bedenke jedoch, dass das Nachschlagen Zeit kostet. Denke auch daran, dass du deine Lösungen im Teil* Reading Comprehension *in ein* Answer Sheet *übertragen musst. Überprüfe deshalb am Schluss, ob du alles richtig übertragen hast, denn nur die Lösungen auf deinem* Answer Sheet *zählen!*

Part 1 – Signs: Questions 1–6

Example:

Nothing of value is left in this van at night.

A ☐ The van is locked at night.
B ☐ Valuables should not be left in the van.
C ☒ Valuable objects are removed at night.

1. This plant will grow better if you water it daily.

A ☒ You should water this plant daily.
B ☐ You mustn't water this plant daily.
C ☐ You have to water plants daily.

Hinweis: *keywords: to grow; this plant; daily*

2. Throw away any remaining medicine within one month after opening this bottle.

A ☐ The bottle has to be opened after one month.
B ☒ Exposed to air, this medicine must be used within 30 days.
C ☐ This bottle includes sufficient medicine for one month.

Hinweis: *exposed to air* = der Luft ausgesetzt *("after opening this bottle")*

3. Please move down inside the bus to allow room for further passengers.

A ☐ You are requested to sit down in this bus.
B ☐ More passengers want to get on the bus.
C ☒ Make it possible for other passengers to get on.

Hinweis: *further/other passengers* = weitere Fahrgäste

4. Don't judge a book by its cover.
English proverb

A ☐ Book covers are sometimes misleading.
B ☐ Judging things is complicated, judging books, too.
C ☒ Appearances can be deceiving.

Hinweis: *to judge* = beurteilen; *appearance* = äußere Erscheinung

5.

> Anyone who has never made a mistake has never tried anything new.
>
> Albert Einstein

A ☐ You never make mistakes if you try hard enough.

B ☒ Trying new things often includes making mistakes.

C ☐ Trying new things should be planned carefully to avoid mistakes.

6.

> **E-mail from Jill to Adrian**
>
> Hi Adrian, sorry I can't come to your house-warming party tonight. I'm moving places myself and my new roommate and I have to clean the kitchen.
> Have fun!
>
> Jill

A ☒ Adrian has moved into a new apartment.

B ☐ Adrian is asking Jill to go out.

C ☐ Jill doesn't want to go to Adrian's party.

Hinweis: *moving places* = umziehen *("I'm moving places myself …")*

Part 2 – Text: Questions 7–12

Hinweis: *Die Texte in Part 2–4 sind längere Sachtexte. Lies den jeweiligen Text erst einmal ganz durch und versuche zu verstehen, worum es geht. Beziehe dabei auch die Überschrift und die Bilder zum Text mit ein. Sie können dir manchmal auch weiterhelfen. Sieh dir nun die Aufgaben an und lies dann den Text ein zweites Mal sorgfältig durch. Manche unbekannte Wörter kannst du aus dem Zusammenhang erschließen. Wenn du ein Wort brauchst, um eine Aufgabe zu verstehen, schlage es nach. Es kann auch helfen, die Stellen im Text zu markieren, die auf die richtige Antwort hinweisen.*

7. The story is about

A ☒ a pet gone missing.

B ☐ a man gone missing.

C ☐ a pet shop.

8. For over 50 years Tom has been

A ☐ a national celebrity.

B ☐ a member of a comedy show.

C ☒ living with Ruth's family.

Hinweis: *Tom has been a member of the family for over fifty years. (Z. 4)*

9. Someone discovered him

A ☒ on a conveyor belt.

B ☐ under a plant.

C ☐ in the glass crusher.

Hinweis: *Then Tom was spotted travelling down a conveyor belt … (Z. 8)*

10. The tortoise was just about to
A ☐ open the bin bag.
B ☐ save an eagle-eyed worker.
C ☒ enter the shredder.

Hinweis: *… but he was saved by an eagle-eyed worker just seconds before entering the shredder. (Z. 10f.)*

11. The tortoise
A ☐ had gone for a walk.
B ☒ had climbed into the rubbish.
C ☐ had been abandoned.

Hinweis: *The curious tortoise had climbed into a bin bag at home and the rubbish truck had taken it away to the factory. (Z. 14f.)*

12. The owner was
A ☒ relieved to see him unharmed.
B ☐ worried about her career.
C ☐ happy without the tortoise.

Hinweis: *Jones was delighted to have her pet back and thanked the workers for rescuing him. (Z. 16)*

Part 3 – Articles: Questions 13–19

Hinweis: *Wenn du dir unsicher bist, ob du das richtige Wort gewählt hast, übersetze den jeweiligen Satz, um zu sehen, ob der Text einen Sinn ergibt. Dazu musst du auch den Satz davor und danach ansehen.*

	A	B	C	D
13.	☒ started	☐ stopped	☐ learned	☐ helped
14.	☐ upon	☒ through	☐ behind	☐ up
15.	☐ won	☐ lost	☒ received	☐ spent
16.	☒ action	☐ game	☐ work	☐ thinking
17.	☐ foot	☒ pace	☐ space	☐ job
18.	☐ useless	☐ physical	☐ strange	☒ social
19.	☒ ever	☐ never	☐ always	☐ often

Part 4 – Article: Questions 20–25

Statements – 'true' or 'false' or 'not in the text'.

	true	false	not in the text
20. Researchers found out that many teenagers act as if they were not in danger of losing their hearing.	☒	☐	☐

Hinweis: *… most see no reason to lower the volume on their iPods. (Z. 2f.)*

	true	false	not in the text
21. MP3 players can cause severe headaches.	☐	☐	☒

22. Parents should watch their children carefully and watch for signs of physical problems.	☒	☐	☐

Hinweis: Parents can also look for signs of a problem, like when a child complains of ringing in the ears or sounds being "muffled", according to Vogel. (Z. 13 f.)

23. Music starts being too loud when the noise level reaches 120 decibels.	☐	☒	☐

Hinweis: Volumes at or above 90 decibels (dB) are believed to be hazardous (gefährlich) *... (Z. 19)*

24. A lot of students are not sensitive enough to set their players to an appropriate noise level.	☒	☐	☐

Hinweis: Many students said they did not know how to tell when their MP3 players were too loud. (Z. 18)

25. Good advice is to limit the volume to 70 % when using plug-in headphones.	☐	☒	☐

Hinweis: ... MP3 users set the volume no higher than 60 per cent of its full capacity when using 'ear-bud-style' headphones ... (Z. 21 f.)

II. Writing

Part 1

1. The Football World Cup isn't taking place in Europe this time.
The Football World Cup is taking place on **a different/another** continent: Africa.

2. A lot of football fans are going to South Africa for the first time this year.
A lot of football fans **have never travelled/haven't been/have never been** to South Africa before.

3. Hopefully, the weather will be great.
Hopefully, the sun **will shine** a lot.

4. The national football clubs in Europe support some fans with free tickets.
Some free tickets **are given/will be given** to fans by national football clubs in Europe.

5. Generally, the ticket prices are not as high as in Germany 2006.
Generally, the ticket prices **are less expensive/will be lower/will be cheaper** than in Germany 2006.

6. The matches will be broadcast worldwide.
The matches are on TV all **over the world** .

Part 2 – E-mail

Hinweis: *Baue alle Angaben in deine E-Mail ein. Beachte, dass du vollständige Sätze schreibst und wenigstens 40 Wörter verwendest. Im Teil* Writing *darfst du ebenfalls dein Wörterbuch benutzen.*

From: Mary
To: Tom
Subject: Home alone – party time!

Dear Tom,

I'm going to have a party on Saturday because my parents are on holiday for two weeks.
Come to the party at our house at 8 p.m. next Saturday.
Cindy, Sam, Marc and Mandy will be here, too.
Please bring food and cool music.

Mary *(46 words)*

Part 3 – Letter

Hinweis: *Hier geht es um das Problem der Internet- bzw. Computersucht. Du sollst erkennen, dass manche Jugendliche zu viel Zeit am Computer verbringen. Markiere die Ratschläge, die in der Antwort gegeben werden. Hinweise im Text sind z. B. "first step", "second step", "Also start ...". Dabei sollst du die Ratschläge nicht wortwörtlich und vollständig übersetzen, sondern deinem Freund nur das Wesentliche mitteilen. Im Lösungsvorschlag ist ein Tipp mehr als nötig angegeben.*

Hier stehen verschiedene Tipps, wie du die Zeit, die du im Internet verbringst, verringern kannst:

1. Erst einmal musst du selbst erkennen, dass du zu viel Zeit am Computer verbringst.
2. Stelle eine Stoppuhr auf 30 Minuten und wende dich dann vom Computer ab.
3. Verbringe in der ersten Woche maximal 3 × 30 Minuten pro Tag am Computer.
4. Mache andere Dinge in deiner Freizeit. Verabrede dich z. B. mit Freunden, probiere einen neuen Sport aus oder trete einem Schulclub bei.
5. Wende dich an deine Eltern oder andere vertrauenswürdige Erwachsene, falls dir diese Tipps nicht geholfen haben.

Part 4 – Story

Hinweis: *Hier ist dir der Anfang einer Geschichte vorgegeben, die du weitererzählen sollst. Formuliere ganze Sätze und schreibe mindestens 100 Wörter.*

The suitcase

Nobody knew what Jessica had in her suitcase, but last Friday she rang her friend Joe. She was very excited: "Joe, come to my house," she said. When Joe arrived at Jessica's house, she took him to the living room. On the sofa there was the brown suitcase. "Open it," she told him. So Joe opened the suitcase and took out a DVD case. "Read what is written on it," she said and Joe read: "The Door". Then he cried out: "I don't believe it! It's *The Door*."
The Door was a very famous horror film. Terrible things had happened, to some people who had watched it. A boy from Joe's school, for example, had seen the film and had had an accident the next day. But Jessica said: "Let's watch it."
"I'm not sure," Joe said. "I'm scared!"
"Don't be silly," Jessica answered.
She put the DVD into the DVD player. Then they sat on the sofa and held their hands. They were very scared. And this is what they saw: a brown suitcase. *(175 words)*

Abschlussprüfung der 10. Klasse an Werkrealschulen in Baden-Württemberg
Englisch 2011

I. Reading Comprehension

25 Punkte

Part 1 – Signs: Questions 1–6

6 Punkte

What do these signs, sayings and e-mails say?
Mark A, B or C on the answer sheet.

Example:

Nothing of value is left in this van at night.

A ☐ The van is locked at night.
B ☐ Valuables should not be left in the van.
C ☒ Valuable objects are removed at night.

1. All good things come to an end.
W. Shakespeare

A ☐ Nothing goes on forever.
B ☐ Live every day as well as you can.
C ☐ Let's meet at the end of the day.

2. It's no use crying over spilt milk.
English proverb

A ☐ Crying is often the best reaction if something went wrong.
B ☐ Let people know if they treat you unfairly.
C ☐ Don't express regret for something that has happened and cannot be remedied.

3. A goal is not always meant to be reached, it often serves simply as something to aim at.
W. Shakespeare

A ☐ Never give up to reach a goal.
B ☐ Sometimes it's more important to have a goal than to achieve it.
C ☐ Always look for realistic goals that are easy to reach.

4. Keep clear of docks at low water

A ☐ You are not allowed at the docks during low tide.
B ☐ You risk your life when entering the docks.
C ☐ The water level should not be underestimated.

5.

> To be taken between meals at four-hourly intervals, up to four times daily

A ☐ It is essential to take this medicine straight after meals.

B ☐ It is essential to use this medicine four times daily.

C ☐ It is essential to wait four hours before taking another of this medicine.

6.

> **Message for Emily:**
>
> Please clean up the table and rinse plates and cups before putting them in the dishwasher.
> Love, Mum

A ☐ Emily must empty the dishwasher.

B ☐ Emily must load the dishwasher.

C ☐ Emily must turn on the dishwasher.

Part 2 – Story: Questions 7–13

7 Punkte

Read the text and fill in the gaps. Mark A, B, C or D on the answer sheet.

The Hare drier

This is a story that has been ______________ (**7**) many times before and therefore has become a standard urban legend. There are many ______________ (**8**) to the story but it is usually told like this:

One day a woman is ______________ (**9**) to see her dog holding a dead rabbit in its mouth. Her neighbours have always ______________ (**10**) a pet rabbit in a cage behind the house and she recognizes the dead animal as their pet.

The woman takes the rabbit ______________ (**11**) her dog, cleans it up as best as she can, blow-dries its fur and – her neighbours being gone – sneaks into ______________ (**12**) yard and replaces the 'restored' rabbit in its cage in a ______________ (**13**) posture.

The next day, she sees a police car parked in front of her neighbours' house. Out of curiosity, she goes outside and asks what's going on. "A nuisance call", the officer says. "Their rabbit died yesterday and some weirdo dug it up and put it back in its cage."

Adapted from: "Urban Legends" by Heike Jüngst (Hg.). Stuttgart , Reclam, 2008

	A	B	C	D
7.	☐ tell	☐ spoken	☐ told	☐ said
8.	☐ variations	☐ ways	☐ distractions	☐ hints
9.	☐ indifferent	☐ horrified	☐ delighted	☐ exhausted
10.	☐ keep	☐ hold	☐ held	☐ kept
11.	☐ for	☐ away	☐ of	☐ off

12.	☐ his	☐ their	☐ our	☐ her
13.	☐ funny	☐ unnatural	☐ lifelike	☐ awesome

Part 3 – Article: Questions 14–19

6 Punkte

Are the statements true or false or not in the text?
Mark the correct answers on your answer sheet.

The building that will save birds in Chicago

Tall buildings with large glass façades are deadly for migrating birds. How many birds die every year after hitting the windows of tall buildings? Billions. In the U.S. and Canada alone, what's known as "architectural glass" kills 34 million birds a year during their spring and autumn migrations. Because Chicago is in the middle of a big migration route, city officials are making bird safety a priority.

© Steve Byland/Dreamstime.com

When the Aqua Tower at Lakeshore East near Lake Michigan is finished, it will resemble cliffs more than a skyscraper. The architects, Studio Gang, say that the organically shaped balconies and a new type of glass visible to birds will save many little lives.

Birds generally do not see glass as solid. But, unlike humans, they see ultraviolet light as a separate colour, so UV-reflective glass could help save bird lives. It is very expensive, though, and companies won't make bird-safe glass until there is a big market for it.

"There has to be a way to solve this problem", Jeanne Gang of Studio Gang told the newspaper Financial Times. She would like the US government to force constructors of skyscrapers to use bird-safe glass, but Glenn Phillips of the Audubon Society says, "Until we have a range of solutions to the problem, it's not realistic to try to prohibit bird-unfriendly buildings."

Adapted from: www.spotlight-online.de

Statements – 'true' or 'false' or 'not in the text'.

	true	false	not in the text
14. More birds are killed by glass than by hunters.	☐	☐	☐
15. Birds collide with windows made out of normal glass because they don't see it.	☐	☐	☐
16. Chicago attracts many birds because of its skyscrapers.	☐	☐	☐
17. A lot of bird accidents could be avoided if the buildings' surfaces copied nature's design and were made of special glass.	☐	☐	☐
18. Glass could be made bird-safe if it reflected a certain light invisible to humans.	☐	☐	☐
19. The Audubon Society has passed a law saying skyscrapers are prohibited to save birds' lives.	☐	☐	☐

Part 4 – Text: Questions 20–25

6 Punkte

Complete the sentences by choosing the correct endings to each sentence. Mark A, B or C on the answer sheet.

Teens ignore laws against texting while driving

LOS ANGELES (Reuters) – Karen Cordova, a 17-year-old high school student and part-time supermarket cashier, admits she sometimes texts friends while driving home from work late at night, lonely and bored. The Arizona teenager knows it's illegal in Phoenix and dangerous. She once almost drifted into oncoming traffic while looking at her phone. Out of a group of four high school students interviewed by Reuters in Phoenix, three admitted to texting while driving and a fourth said he had stopped only after his cousin had caused a serious traffic accident while sending a message. But would a nationwide ban stop Cordova and her friends from texting in their cars? No way, she said.

At least one major study has found that, with mobile devices now central to their lives, young people often ignore laws against using cell phones or texting in the car. The number of text messages has multiplied within the past three years and Americans sent an estimated trillion in 2009. "What I would say is that texting and cell phone devices have become so important to young people's lives that it is hard for them to tell the difference between doing something normal and doing something wrong", said Steven Bloch, senior research associate for the Automobile Club.

Some police agencies say it's tough for officers to make sure people follow the law. "The handheld cell phone is relatively easy for us to spot, we can see when somebody has their phone up to their ear", police spokeswoman Fran Clader said. "But with the texting it's a little bit more of a challenge to catch them in the act, because we have to see it and if they are holding it down in their lap it's going to be harder for us to see." Already 19 states and the District of Columbia ban texting for all drivers, while 9 others prohibit it only for young drivers.

Adapted from: Reuters, Dan Whitcomb, December 11th 2009

20. Driving and texting at the same time
- A ☐ is common amongst US teenagers.
- B ☐ is prohibited under federal US law.
- C ☐ is an easy way to communicate.

21. Karen Cordova doubts that
- A ☐ texting while driving a car is nothing special.
- B ☐ young people understand the dangers of it.
- C ☐ a law would help to prevent accidents.

22. Karen Cordova
- A ☐ once had an accident because of texting.
- B ☐ once had problems staying on the road.
- C ☐ stopped texting in her car.

23. The amount of text messages
- A ☐ increased slowly within the last years.
- B ☐ increased rapidly within the last years.
- C ☐ decreased rapidly within the last years.

24. Communicating via text messages
- A ☐ is something unusual for teenagers.
- B ☐ is typical of teenagers nowadays.
- C ☐ is overestimated by teenagers.

25. The police says it's hard
- A ☐ to prevent accidents involving teenagers.
- B ☐ to stop people from talking in the cars.
- C ☐ to prove that someone was texting while driving.

Übertrage alle Lösungen aus dem Prüfungsteil ‚Reading' in den Antwortbogen auf der folgenden Seite. Es werden nur die Antworten auf dem Antwortbogen gewertet!

Abschlussprüfung der 10. Klasse an Werkrealschulen in Baden-Württemberg
Englisch 2011

Reading – Answer Sheet

Name: ______________________

Part 1: Mark A, B or C.
Part 2: Mark A, B, C or D.
Part 3: Mark the correct answer.
Part 4: Mark A, B or C.

Part 1

Number	A	B	C	
1				
2				
3				
4				
5				
6				/6

Part 2

Number	A	B	C	D	
7					
8					
9					
10					
11					
12					
13					/7

Part 3

Number	true	false	not in the text	
14				
15				
16				
17				
18				
19				/6

Part 4

Number	A	B	C	
20				
21				
22				
23				
24				
25				/6

__________ /25

II. Writing

35 Punkte

Part 1 – Sentences

6 Punkte

Here are some sentences about going to the cinema.
Complete the second sentence so that it means the same as the first, **using no more than three words**.

Example:
1. The snack bar is near the entrance.
2. The snack bar is **not far from** the entrance.

1. Roy asked me if there were still tickets available for AVATAR II.
Roy asked me, " ______________________________ still tickets for AVATAR II?"

2. SHREK V was more exciting than Richard had expected.
SHREK V was not ______________________________ Richard had expected.

3. It doesn't matter to me if a film lasts longer than two hours.
I don't ______________________________ if a film lasts longer than two hours.

4. Little Susan had never been to the cinema before.
It was ______________________________ little Susan had been to the cinema.

5. You can buy popcorn at the kiosk near the entrance.
Popcorn ______________________________ at the kiosk near the entrance.

6. Roy thinks the local Odeon cinema is too small for the town.
Roy thinks the local Odeon cinema is not ______________________________________.

Part 2 – Diary

7 Punkte

You told your parents about the new iPhone many of your friends already have and asked them to share the costs with you. Your parents think that's a waste of money. You don't understand their arguments and you are very disappointed.

Write in your diary about:
- the iPhone (functions, price, …)
- the argument with your parents
- how you are going to persuade your parents to pay half the price

Write at least 40 words.

Dear Diary,

____

____

____

____

____

____

____

____

____

____

Now please count your words: ________

Part 3 – E-mail

10 Punkte

> Read the information carefully and work out the task given below.

Du hast für deine Tante im Internet einen Flug nach New York gebucht. Sie versteht nur wenig Englisch. Mit der Buchungsbestätigung erhältst du diesen Text mit Tipps beim Fliegen. Sammle daraus für deine Tante die fünf aus deiner Sicht wichtigsten Tipps für ihren Flug.

Schreibe sinngemäß und in ganzen Sätzen auf Deutsch. Beachte den korrekten Aufbau einer E-Mail.

Happy flying!

One of the best things about living in the middle of Europe is that you can travel to other countries by car, bus or train. But if you want to visit an English-speaking country like the US or Australia, you'll have to fly. Here are a few tips to make your next flight a pleasant one.

Try to book a seat near the front of the plane. It's usually quicker to get on and off the plane and the turbulence doesn't feel so bad there. Give yourself enough time between connecting flights. You may have to collect your bags or even go through customs. Try not to pack a bag that is bigger or heavier than the airline allows. You can usually take a small bag on the plane – but not any sharp objects or bottles with more than 100 ml of liquid. If you're going on a long flight, you might want to take a warm sweater, earplugs and a sleeping mask with you.

Arrive at the airport at least two hours before your flight. When going through security put any bottles of liquids in a small plastic bag. You may also have to empty your pockets and take off your shoes, belt and jewellery. If you're going to the US, make sure you have the address of where you are staying as you will need this when you go through customs there.

If you're on a long flight, get up and walk around a few times. Drink plenty of water. Always keep your passport and money with you. Watch films, read a book, relax, sleep – and dream about where you are going and all the exciting things you will do there.

Happy flying!

Adapted from: www.spoton-online.de

An: ______________ Von: ______________

Betreff:

Part 4 – Letter

12 Punkte

Can you imagine what your dream job might be like?
Describe it in at least 100 words.

My dream job

Now please count your words: ________

Lösungen

I. Reading Comprehension

Allgemeiner Hinweis: *Du musst nicht jedes Wort verstehen, um den Sinn eines Textes zu erfassen. Schlage im Wörterbuch nach, wenn dir ein Wort zum Verständnis fehlt. Bedenke jedoch, dass dies Zeit kostet. Überprüfe am Schluss, ob du alle Lösungen richtig in dein* Answer Sheet *übertragen hast, denn nur die Lösungen auf deinem* Answer Sheet *zählen!*

Part 1 – Signs: Questions 1–6

Example:

Nothing of value is left in this van at night.

A [ ] The van is locked at night.
B [ ] Valuables should not be left in the van.
C [X] Valuable objects are removed at night.

1.

All good things come to an end.
W. Shakespeare

A [X] Nothing goes on forever.
B [ ] Live every day as well as you can.
C [ ] Let's meet at the end of the day.

Hinweis: der Ausdruck, auf den du hier achten musst, ist: *come to an end*

2.

It's no use crying over spilt milk.
English proverb

A [ ] Crying is often the best reaction if something went wrong.
B [ ] Let people know if they treat you unfairly.
C [X] Don't express regret for something that has happened and cannot be remedied.

Hinweis: *spilt milk* = verschüttete Milch

3.

A goal is not always meant to be reached, it often serves simply as something to aim at.
W. Shakespeare

A [ ] Never give up to reach a goal.
B [X] Sometimes it's more important to have a goal than to achieve it.
C [ ] Always look for realistic goals that are easy to reach.

Hinweis: Schlüsselwörter: *goal, to reach, to aim*

4.

Keep clear of docks at low water

A [X] You are not allowed at the docks during low tide.
B [ ] You risk your life when entering the docks.
C [ ] The water level should not be underestimated.

Hinweis: Schlüsselwörter: *keep clear, low water/tide*

5.

To be taken between meals at four-hourly intervals, up to four times daily

A ☐ It is essential to take this medicine straight after meals.

B ☐ It is essential to use this medicine four times daily.

C ☒ It is essential to wait four hours before taking another of this medicine.

Hinweis: *Es handelt sich hier um die Einnahme eines Medikaments. Es muss immer im Abstand von vier Stunden eingenommen werden (four-hourly intervals).*

6.

Message for Emily:

Please clean up the table and rinse plates and cups before putting them in the dishwasher
Love, Mum

A ☐ Emily must empty the dishwasher.

B ☒ Emily must load the dishwasher.

C ☐ Emily must turn on the dishwasher.

Hinweis: *"putting them in the dishwasher" = "loading the dishwasher"*

Part 2 – Story: Questions 7–13

Hinweis: *Lies dir zuerst den Text (mit den Lücken) durch, damit du weißt, wovon er handelt. Gehe dann die Sätze einzeln durch und wähle das Wort aus, das im Satzzusammenhang einen Sinn ergibt.*

	A	B	C	D
7.	☐ tell	☐ spoken	☒ told	☐ said

Hinweis: *present perfect: "has been told"* (nicht: *tell*)

	A	B	C	D
8.	☒ variations	☐ ways	☐ distractions	☐ hints

Hinweis: Es gibt verschiedene Versionen *(variations)* der Geschichte.

	A	B	C	D
9.	☐ indifferent	☒ horrified	☐ delighted	☐ exhausted

Hinweis: Wie reagiert die Frau, als sie ihren Hund mit dem toten Hasen im Maul sieht?

	A	B	C	D
10.	☐ keep	☐ hold	☐ held	☒ kept

Hinweis: *present perfect: "have always kept"* (nicht: *keep*)

	A	B	C	D
11.	☐ for	☐ away	☐ of	☒ off

Hinweis: *"take off"*: hier: „aus dem Maul nehmen“

	A	B	C	D
12.	☐ his	☒ their	☐ our	☐ her

Hinweis: bezieht sich auf *neighbours*

	A	B	C	D
13.	☐ funny	☐ unnatural	☒ lifelike	☐ awesome

Hinweis: Der Hase sieht aus, als ob er noch leben würde (*"lifelike"*).

Part 3 – Article: Questions 14–19

Statements – 'true' or 'false' or 'not in the text'.

	true	false	not in the text
14. More birds are killed by glass than by hunters.	☐	☐	☒
15. Birds collide with windows made out of normal glass because they don't see it.	☒	☐	☐

Hinweis: "Tall buildings with large glass façades are deadly for migrating birds." (Z. 1); "Birds generally do not see glass as solid." (Z. 11)

	true	false	not in the text
16. Chicago attracts many birds because of its skyscrapers.	☐	☒	☐

Hinweis: "Chicago is in the middle of a big migration route …" (Z. 5f.)

	true	false	not in the text
17. A lot of bird accidents could be avoided if the buildings' surfaces copied nature's design and were made of special glass.	☒	☐	☐

Hinweis: "… the Aqua Tower … will resemble cliffs more than a skyscraper." (Z. 7f.) "… UV-reflective glass could help save bird lives." (Z. 12)

	true	false	not in the text
18. Glass could be made bird-safe if it reflected a certain light invisible to humans.	☒	☐	☐

Hinweis: "But, unlike humans, they see ultraviolet light as a separate colour …" (Z. 11f.)

	true	false	not in the text
19. The Audubon Society has passed a law saying skyscrapers are prohibited to save birds' lives.	☐	☒	☐

Hinweis: "… it's not realistic to try to prohibit bird-unfriendly buildings." (Z. 17)

Part 4 – Text: Questions 20–25

20. Driving and texting at the same time

A ☒ is common amongst US teenagers.
B ☐ is prohibited under federal US law.
C ☐ is an easy way to communicate.

Hinweis: siehe erster Abschnitt (Z. 1–8)

21. Karen Cordova doubts that

A ☐ texting while driving a car is nothing special.
B ☐ young people understand the dangers of it.
C ☒ a law would help to prevent accidents.

Hinweis: "But would a nationwide ban stop Cordova and her friends from texting in their cars? No way, she said." (Z. 7f.)

22. Karen Cordova

A ☐ once had an accident because of texting.
B ☒ once had problems staying on the road.
C ☐ stopped texting in her car.

Hinweis: "She once almost drifted into oncoming traffic while looking at her phone." (Z. 3f.)

23. The amount of text messages
A ☐ increased slowly within the last years.
B ☒ increased rapidly within the last years.
C ☐ decreased rapidly within the last years.

Hinweis: "The number of text messages has multiplied within the past three years ..." (Z. 10f.)

24. Communicating via text messages
A ☐ is something unusual for teenagers.
B ☒ is typical of teenagers nowadays.
C ☐ is overestimated by teenagers.

Hinweis: "... texting and cell phone devices have become so important to young people's lives ..." (Z. 12ff.)

25. The police says it's hard
A ☐ to prevent accidents involving teenagers.
B ☐ to stop people from talking in the cars.
C ☒ to prove that someone was texting while driving.

Hinweis: "... because we have to see it and if they are holding it down in their lap it's going to be harder for us to see." (Z. 19f.)

II. Writing

Part 1 – Sentences

1. Roy asked me if there were still tickets available for AVATAR II.
Roy asked me, "**Are there** still tickets for AVATAR II?"

2. SHREK V was more exciting than Richard had expected.
SHREK V was not **as boring as** Richard had expected.

3. It doesn't matter to me if a film lasts longer than two hours.
I don't **mind/care/bother** if a film lasts longer than two hours.

4. Little Susan had never been to the cinema before.
It was **the first time** little Susan had been to the cinema.

5. You can buy popcorn at the kiosk near the entrance.
Popcorn **can be bought/is sold/is available** at the kiosk near the entrance.

6. Roy thinks the local Odeon cinema is too small for the town.
Roy thinks the local Odeon cinema is not **big/large enough for the town**.

Part 2 – Diary

Hinweis: *Lies genau, was du schreiben sollst, und gehe auf alle Punkte ein, die aufgeführt sind. Schreibe in vollständigen Sätzen. Im Teil* Writing *darfst du ebenfalls dein Wörterbuch benutzen.*

Dear Diary,

I'm so disappointed because I won't get an iPhone! All my friends already have one – I'm the only one without! I know that the phone is expensive (about 500 €), but I said to Mum and Dad we could share the costs. They say it's a waste of money. I don't understand why they are so strict. I must have the iPhone because it has lots of good apps for games and music. I'll persuade my parents to pay half of the price. I'll promise Mum to help her at home more often. Good night! *(95 words)*

Part 3 – E-mail

Hinweis: *Übersetze die Tipps nicht wortwörtlich, sondern teile nur das Wesentliche mit.*

An: Anna.Meier@web.de Von: (deine Mail-Adresse)

Betreff: Flug nach New York

Liebe Tante Anna,

wie besprochen habe ich den Flug nach New York für dich gebucht. Ich möchte dir vor deiner Reise noch ein paar Tipps geben: Für den Flug darfst du eine kleine Tasche als Handgepäck mit an Bord nehmen. Beachte, dass du keine scharfen Gegenstände und Flüssigkeiten über 100 ml in die Tasche packst. Sei mindestens zwei Stunden vor deinem Flug am Flughafen. Denke daran, wenn du durch den Sicherheitscheck gehst, dass du Flaschen, die Flüssigkeiten enthalten, in einem kleinen Plastikbeutel aufbewahrst. Wahrscheinlich musst du deine Hosentaschen leeren und deine Schuhe ausziehen, deinen Gürtel sowie den Schmuck ablegen. Notiere dir auch unsere Adresse, weil du sei bei der Einreise angeben musst. Melde dich bei mir, wenn du noch weitere Fragen hast! Ich wünsche dir jedenfalls schon einmal einen guten Flug und freue mich, dich bald hier in New York begrüßen zu dürfen.

Viele Grüße,
(dein Name)

Part 4 – Letter

Hinweis: *Hier ist eine Überschrift vorgegeben, zu der du einen Text frei verfassen sollst. Formuliere ganze Sätze und schreibe mindestens 100 Wörter. Vergiss nicht, am Schluss die Wörter zu zählen.*

My dream job

I would like to work on a cruise ship because I like travelling and I enjoy meeting people. When I leave school I don't want to sit in an office. I would like to help people if they wanted to know where things are. Of course, you always have to be friendly in this job. But that's no problem for me. I'm a cheerful person and I'm good at listening to people.

I know that I would be on the ship for many weeks and at home only for some weeks. That could be a problem if I wanted to have a family. But the money isn't bad and another good thing is that I get to see the world. I would have to speak other languages, too, but that's OK for me because I can speak French and Spanish. I hope my dream will come true! *(150 words)*

Abschlussprüfung der 10. Klasse an Werkrealschulen in Baden-Württemberg
Englisch 2012

I. Reading Comprehension

25 Punkte

Part 1 – Signs: Questions 1–6

6 Punkte

What do these signs, notes, sayings and e-mails say?
Mark A, B or C on the answer sheet.

Example:

Nothing of value is left in this van at night.

A ☐ This van is locked at night.
B ☐ Valuables should not be left in the van.
C ☒ Valuable objects are removed at night.

1.

Clean shirts in 24 hours
Half-price on Mondays

A ☐ Your shirts will be cleaned for 24 hours.
B ☐ Cleaning your shirts over the weekend is cheaper.
C ☐ Your shirts will be cleaned within 24 hours.

2.

Warning!
Unstable cliffs
Keep to the designated walking tracks & lookouts at all times

A ☐ The walking tracks in this area aren't in a good condition.
B ☐ The lookouts are closed at all times.
C ☐ It is dangerous to leave the paths.

3.

The hardest thing is to take less when you can get more.
Frank McKinney Hubbard

A ☐ Try not to be overwhelmed by your own greed.
B ☐ Try to get as much as you can or even more.
C ☐ Too much of a good thing always leaves one wanting less.

4.

Email:

Hi Susan,
Dan and I can't keep our appointment with you and Sam this evening. Dan has got a terrible headache and I have to go to the chemist's to fetch him some pills. Would love to see both of you on Saturday for a coffee.
Love, Emily

A ☐ Emily and Dan don't want to keep the date.
B ☐ The four of them will meet on Saturday.
C ☐ Dan is not feeling well at all.

5.

Fridge note

Hi Darren, could you please buy lettuce and milk? We've also run out of ham. Buy the one you want on your school sandwich.
Will be back before supper.
Love, Mum

A ☐ Darren wants to go shopping.

B ☐ Mum wants Darren to go to the shops.

C ☐ Darren can buy himself a sandwich for school.

6.

Last Collection Time

Monday to Friday
6.30 pm

A later collection is made at **7.30 pm** from the Postbox at Canterbury Mail Centre. Military Road

Saturday
11.45 am

Other Collections ...

A ☐ This letterbox will be emptied three times a day.

B ☐ This letterbox will be emptied by 6.30 p.m. five days a week.

C ☐ This letterbox is located at the Canterbury Mail Centre.

Part 2 – Article: Questions 7–12

6 Punkte

Are the statements 'true' or 'false' or 'not in the text'?
Mark the correct answers on your answer sheet.

Airline for pets

For pet owners, holidays can be a real problem. What can they do with their dog or cat while they are away? Some leave their pets with friends and relatives, some put them in kennels, but others want their four-legged friends with them on holiday. This is easy to accomplish travelling by car, but going by air is usually a problem.

PetAirways®

http://www.petairways.com/sites/default/files/ads/Pet-Airways-Logo.jpg

Airlines actually do transport pets, but they have to go in the dark hold with the baggage, not in the cabin with their owners. Pets are often frightened by this experience and some animals die during transport because of extremes of temperature and lack of oxygen.

Dan Wiesel and Lisa Binder had experienced pet travel problems themselves with Zoe, their Jack Russell Terrier. In July 2005, they grasped the opportunity and started up Pet Airways. At the beginning they only had a few destinations, but the current plans are to expand to 25 cities.

The pet passengers – the company calls them 'pawsengers' – are dropped off in the Pet Lounge at the airport before they are taken on board a fully-lit, climate-controlled plane and transferred into individual carriers. The animals aren't left alone in the plane. During the flight, they are looked after at regular intervals by professional pet attendants.

Pet Airways flies dogs, cats and small rodents[1], but not rabbits. And when the company writes about 'pawsengers' you can take it for granted – human passengers are not allowed on Pet Airways flights.

Adapted from: Airline for pets. Moya Irvine. In: Read on, July 2011. Carl Ed. Schünemann

1 rodent: gnawing animal with sharp front teeth

Statements – 'true' or 'false' or 'not in the text'.

		true	false	not in the text
7.	At Pet Airways all the animals go into the cargo compartment.	☐	☐	☐
8.	On flights pets get sick from nervousness.	☐	☐	☐
9.	Pet Airways was founded by two dog owners.	☐	☐	☐
10.	Hamsters, rats and guinea pigs can fly with Pet Airways.	☐	☐	☐
11.	Owners can care for their own pets during the flight.	☐	☐	☐
12.	Rabbits in particular are frightened when flying.	☐	☐	☐

Part 3 – Story: Questions 13–19

7 Punkte

Read the text and fill in the gaps. Mark A, B, C or D on the answer sheet.

Fotograf: Epipowell; http://en.wikipedia.org/wiki/File: Disposable_water_bottle.JPG; This file is licensed under the Creative Commons Attribution-Share Alike 3.0 Unported license.

Drinking water – bottled or from the tap?

If your family is like many in the United States, ____________ (**13**) the week's groceries includes carrying a six-pack or two of bottled water into your home. On your way to a soccer game or any other activity, it's ____________ (**14**) to grab a cold bottle right out of the fridge, right?

Americans buy more bottled water than ____________ (**15**) other nation in the world, adding 29 billion water bottles a year to a problem: in order to make all these bottles, manufacturers use 17 million barrels of crude oil. That's enough oil to keep a million cars going for twelve months.

Imagine a water bottle filled a quarter of the way up with oil. That's about how much oil was needed to ____________ (**16**) the bottle. So why don't more people drink water straight from the kitchen faucet? Some people drink bottled water because they think it is better for them than water out of the tap, but that's not true. In the United States, local governments make sure water from the faucet is safe.

Plastic bottle recycling can reduce the rubbish problem: Instead of just being thrown away, plastic bottles can be turned ____________ (**17**) items like carpeting or cosy and warm fleece jackets.

Unfortunately, for every six water bottles we use, only one makes it to the recycling bin. The rest are ________________ (**18**) to rubbish dumps. Or even ________________ (**19**), they end up as trash on land, in rivers, lakes and the ocean.

Water is good for you, so keep drinking it. But think about how often you use water bottles and see if you can make a change. Don't forget: recycling one plastic bottle can save enough energy to run a 60-watt light bulb for six hours.

Adapted from: Catherine Clarke Fox: Drinking Water: Bottled or From the Tap? In: National Geographic Kids.

	A	B	C	D
13.	☐ upload	☐ unloading	☐ downloading	☐ reload
14.	☐ lightly	☐ simply	☐ easy	☐ easily
15.	☐ some	☐ all	☐ any	☐ more
16.	☐ proceed	☐ promote	☐ protect	☐ produce
17.	☐ in	☐ into	☐ on	☐ of
18.	☐ sent	☐ send	☐ scent	☐ sand
19.	☐ good	☐ much	☐ most	☐ worse

Part 4 – Text: Questions 20–25

6 Punkte

Complete the sentences by choosing the correct endings to each sentence. Mark A, B or C on the answer sheet.

A different way to wake up

When Matty Sallin, 34, was working on a degree in art and technology at New York University in 2007, he got an interesting assignment in electronics class: create something for the household. He decided to create an alarm clock.

© Matthew Sallin

"Everybody has to deal with these every day, and they are extremely unpleasant!" he says. He asked different people what they'd like to wake up to instead of a clanging, noisy alarm. A lot of them said: 'the smell of bacon'.

So Sallin and two classmates invented a new kind of alarm clock: a wooden box with a pig face and a digital clock that uses the smell of cooking bacon rather than sound to wake someone up.

"There's no danger of burning because I built it carefully. It uses halogen light bulbs instead of a flame for cooking and turns off automatically after ten minutes."

Just a few easy steps are required to set the 'alarm'. "What you do is put a couple of frozen slices in the night before," Sallin says. "Bacon is cured or preserved, so there is no danger of it spoiling overnight. If you set the alarm for 8:00, it will turn on at 7:50 and cook slowly for ten minutes under the halogen bulbs. Then the bulbs turn off and a fan blows the scent out through the nostrils of the pig. So instead of an alarm or a beep or a radio you smell yourself awake. Then you can open the door on the side and pull the bacon out and eat it."

When Sallin was a kid, he spent a lot of time making drawings of inventions. "I wanted to make an elevator in my back yard and a special tree house," he says. "But I never really thought I'd be called an inventor!"

Sallin got an A in the class and went on to other things but people continue to hear about his invention and email him every day asking where they can buy his alarm clock.

These days he designs computer software, but if he decides to produce and sell his aroma alarm, maybe he can develop some other models. Any votes for cinnamon muffins?

Adapted from: Catherine Clarke Fox: A Different Way to Wake Up. In: National Geographic Kids.

20. Matty Sallin used to
- A ☐ work as an electrician.
- B ☐ study at New York University.
- C ☐ be an accomplished artist.

21. Being wakened by an alarm clock
- A ☐ is something Matty Sallin really enjoys.
- B ☐ is strongly detested by many people.
- C ☐ is not always necessary in New York.

22. Sallin's alarm clock
- A ☐ is all-wooden.
- B ☐ is built with a wooden cover.
- C ☐ smells of wood.

23. The alarm clock
- A ☐ is in danger of burning.
- B ☐ is in flames.
- C ☐ doesn't use flames.

24. When the bacon is done
- A ☐ remove it through the pig's nostrils.
- B ☐ the smell of it streams through the nostrils.
- C ☐ wait for ten minutes before eating it.

25. As a boy, Sallin
- A ☐ repaired an elevator for his tree house.
- B ☐ made a lot of sketches.
- C ☐ wrote programmes for computers.

Übertrage alle Lösungen aus dem Prüfungsteil ‚Reading' in den Antwortbogen auf der folgenden Seite. Es werden nur die Antworten auf dem Antwortbogen gewertet!

Abschlussprüfung der 10. Klasse an Werkrealschulen in Baden-Württemberg
Englisch 2012

Reading – Answer Sheet

Name: ____________________

Part 1: Mark A, B or C.
Part 2: Mark the correct answer.
Part 3: Mark A, B, C or D.
Part 4: Mark A, B or C.

Part 1

Number	A	B	C	
1				
2				
3				
4				
5				
6				/6

Part 2

Number	true	false	not in the text	
7				
8				
9				
10				
11				
12				/6

Part 3

Number	A	B	C	D	
13					
14					
15					
16					
17					
18					
19					/7

Part 4

Number	A	B	C	
20				
21				
22				
23				
24				
25				/6

__________ /25

II. Writing

35 Punkte

Part 1 – Sentences

6 Punkte

Here are some sentences about a pop group.
Complete the second sentence so that it means the same as the first, **using no more than three words**.

Example:
1. If I were you, I would learn to play the saxophone.
2. "**Why don't you** learn to play the saxophone?" suggested Sam.

1. Adam could not take his bass guitar on the plane.
Adam wasn't ______________________ take his bass guitar on the plane.

2. Katie prefers playing the guitar to playing the keyboard.
Katie likes playing the guitar ______________________ playing the keyboard.

3. The room in the cellar is too cold for the band to practise.
The room in the cellar isn't ______________________ for the band to practise.

4. Katie has just finished her six-week singing course.
Katie had her first singing lesson ______________________.

5. Pete doesn't play the drums as well as Jeff.
Jeff is a ______________________ Peter.

6. Many fans thought the tickets for the concert were too expensive.
Many fans thought the tickets for the concert ______________________ cheaper.

Part 2 – E-mail

7 Punkte

A group of exchange students from England will arrive at your school tomorrow. You found the latest information update on the school's information board. Write an e-mail to your exchange student Paula and tell her about the news.

Write your e-mail in English about:

Montag:
- Ankunft der Austauschschüler: 9.00 Uhr
- 5. Stunde: Mathematik statt Sport

Dienstag:
- Treffpunkt: Museum in der Innenstadt um 9 Uhr
- Eintritt: €2,- / Gastschüler zahlen die Hälfte

Mittwoch bis Freitag:
- Bitte auf die Informationen am Schwarzen Brett achten!

Write at least 50 words. If necessary use back of page.

An: ______________ Von: ______________

Betreff:

____

____

____

____

____

____

____

____

____

____

____

____

____

____

Now please count your words: ________

Part 3 – Article

10 Punkte

Read the information carefully and work out the task given below.

An deiner Schule hatten in der letzten Zeit Schülerinnen und Schüler immer wieder Sicherheitsprobleme im Internet. Auf einer englischen Website hast du folgende Informationen gefunden. Fasse diese auf Deutsch für einen Artikel in der Schülerzeitung zusammen:

http://www.businesspundit.com/11-ways-to-protect-yourself-from-identity-theft/

- Was ist „identity theft"? (1 pt)
- Nenne zwei Gefahren, über die man sich im Bezug auf „identity theft" bewusst sein sollte. (2 pts)
- Wie kann man sich vor diesen Gefahren schützen? Entnimm dem Text drei Ratschläge und erkläre sie in ganzen Sätzen auf Deutsch. (6 pts)
- Beachte den korrekten Aufbau eines Artikels (Überschrift etc.). (1 pt)

FOUR WAYS TO PREVENT IDENTITY THEFT FROM YOUR ONLINE ACTIVITIES

If you have ever experienced identity theft yourself or know someone who has, you know that the experience can be a bad one. Criminals can open accounts in your name or manipulate your personal online information for a multitude of reasons – none of which are good. This leaves the burden upon you to protect your personal information while using the Internet. The only perfect way to protect yourself online and prevent identity theft is not to use it at all. But is that an answer to the problem? Let's go over some tips to protect and prevent identity theft online.

1. Phishing Websites
A phishing website is one that presents itself as a legitimate business website. However, in reality it is a fake one looking for your personal details: it may be looking for your username and password but could also be looking for your name, credit card number, address etc.

2. Passwords
Another method criminals may use to obtain your personal information is by logging into your email and other online accounts and gain information from there. That is the reason why it is so important to use a different password for each of your accounts. Never store your passwords on the computer.

3. Online Shopping
On the one hand the internet is so great and you can find sites that sell just about everything, on the other hand how do you know that a company will keep your information secure? Modern antivirus or internet security software usually includes a lot of different tools to keep your information safe. Make sure to update this software regularly!

4. Personal information via Social Media
Using social media (e. g. Facebook or Twitter) is great but be careful how much information you give out to the general public while sharing what you are doing. A lot of people check into banks occasionally while being logged on to Facebook; this is bad because it could let people know which bank you use. This makes you an easy target for identity theft.

Adapted from: http://www.makeuseof.com/tag/9-ways-prevent-identity-theft-online-activities/

Part 4 – Text 12 Punkte

Report about your favourite work experience (where, when, what, who …)
Make notes first.
Describe it in at least 100 words.

Notes:

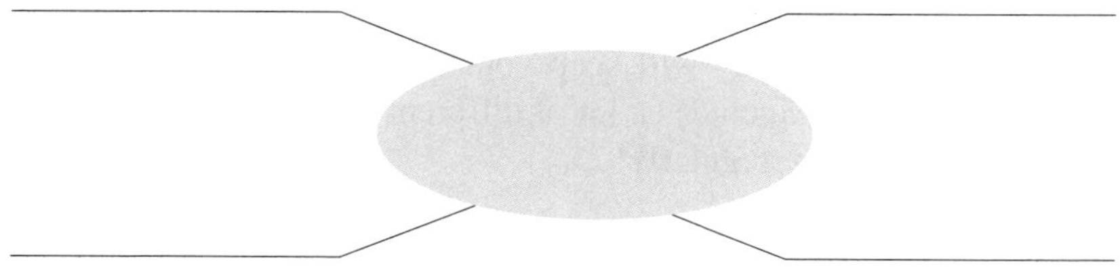

(If necessary use back of page)

My favourite work experience

Now please count your words: ________

Lösungen

I. Reading Comprehension

***Allgemeiner Hinweis:** Beim Leseverstehen musst du nicht jedes Wort kennen, um den Sinn eines Textes zu verstehen. Für das Textverständnis wichtige Wörter kannst du jedoch im Wörterbuch nachschlagen. Trage alle deine Antworten zum Schluss in das* Answer Sheet *ein. Überprüfe, ob du alles richtig übertragen hast. Die Lösungen auf dem Answer sheet sind ausschlaggebend.*

Part 1 – Signs: Questions 1–6

***Hinweis:** Versuche, die angegebenen Sätze mithilfe des Wörterbuchs zu übersetzen, falls du dir nicht ganz sicher bist, was sie bedeuten.*

Example:

Nothing of value is left in this van at night.

A ☐ This van is locked at night.
B ☐ Valuables should not be left in the van.
C ☒ Valuable objects are removed at night.

1. Clean shirts in 24 hours
Half-price on Mondays

A ☐ Your shirts will be cleaned for 24 hours.
B ☐ Cleaning your shirts over the weekend is cheaper.
C ☒ Your shirts will be cleaned within 24 hours.

***Hinweis:** Der entscheidende Hinweis für die richtige Lösung ist das Wort „within" (innerhalb).*

2. Warning!
Unstable cliffs
Keep to the designated walking tracks & lookouts at all times

A ☐ The walking tracks in this area aren't in a good condition.
B ☐ The lookouts are closed at all times.
C ☒ It is dangerous to leave the paths.

***Hinweis:** Wichtige Wörter sind hier „tracks" (Wege) und „lookouts" (Aussichtspunkte). Man soll sich nur auf den vorgegebenen Wegen bewegen, weil die Klippen zu instabil sind.*

3. The hardest thing is to take less when you can get more.
Frank McKinney Hubbard

A ☒ Try not to be overwhelmed by your own greed.
B ☐ Try to get as much as you can or even more.
C ☐ Too much of a good thing always leaves one wanting less.

***Hinweis:** Wichtige Wörter sind hier „take less" (weniger nehmen) und „get more" (mehr bekommen). Man soll also seine Gier (greed) zügeln.*

4.

Email:

Hi Susan,
Dan and I can't keep our appointment with you and Sam this evening. Dan has got a terrible headache and I have to go to the chemist's to fetch him some pills. Would love to see both of you on Saturday for a coffee.

Love, Emily

A ☐ Emily and Dan don't want to keep the date.
B ☐ The four of them will meet on Saturday.
C ☒ Dan is not feeling well at all.

Hinweis: Emily und Dan können die Verabredung nicht einhalten („can't keep the appointment"; nicht: „don't want to keep the appointment"), weil Dan Kopfweh hat („headache").

5.

Fridge note

Hi Darren, could you please buy lettuce and milk? We've also run out of ham. Buy the one you want on your school sandwich.
Will be back before supper.
Love, Mum

A ☐ Darren wants to go shopping.
B ☒ Mum wants Darren to go to the shops.
C ☐ Darren can buy himself a sandwich for school.

Hinweis: Darren soll einkaufen gehen: "Hi Darren, could you please buy ...?"

6.

Last Collection Time

Monday to Friday
6.30 pm
A later collection is made at
7.30 pm
from the Postbox at
Canterbury Mail Centre.
Military Road

Saturday
11.45 am

Other Collections ...

A ☐ This letterbox will be emptied three times a day.
B ☒ This letterbox will be emptied by 6.30 p.m. five days a week.
C ☐ This letterbox is located at the Canterbury Mail Centre.

Hinweis: Der Hinweis für die richtige Lösung ist: „will be emptied" (wird geleert) bzw. „Last Collection Time" (letzte Leerung)

Part 2 – Article: Questions 7–12

Hinweis: *Lies dir den Text aufmerksam durch, damit du weißt, um was er sich handelt. Benutze das Wörterbuch nur, wenn du ein Wort zum Verständnis des Textes benötigst. Oft kannst du es auch aus dem Zusammenhang erschließen.*

Statements – 'true' or 'false' or 'not in the text'.

		true	false	not in the text
7.	At Pet Airways all the animals go into the cargo compartment.	☐	☒	☐
	Hinweis: *"… are taken on board a fully-lit, climate-controlled plane and transferred into individual carriers." (Z. 14f.)*			
8.	On flights pets get sick from nervousness.	☐	☐	☒
	Hinweis: *Im Text heißt es nur: "Pets are often frightened …" (Z. 7f.)*			
9.	Pet Airways was founded by two dog owners.	☒	☐	☐
	Hinweis: *"… Zoe, their Jack Russell Terrier." (Z. 10f.)*			
10.	Hamsters, rats and guinea pigs can fly with Pet Airways.	☒	☐	☐
	Hinweis: *"Pet Airways flies dogs, cats and small rodents (Nagetiere) …". (Z. 17)*			
11.	Owners can care for their own pets during the flight.	☐	☒	☐
	Hinweis: *"… human passengers are not allowed on Pet Airways flights." (Z. 18f.)*			
12.	Rabbits in particular are frightened when flying.	☐	☐	☒

Part 3 – Story: Questions 13–19

	A	B	C	D
13.	☐ upload	☒ unloading	☐ downloading	☐ reload
	Hinweis: *unload = ausladen*			
14.	☐ lightly	☐ simply	☒ easy	☐ easily
	Hinweis: *easy = leicht (hier: Adjektiv)*			
15.	☐ some	☐ all	☒ any	☐ more
	Hinweis: *any other country = jedes andere Land*			
16.	☐ proceed	☐ promote	☐ protect	☒ produce
	Hinweis: *to produce = herstellen*			
17.	☐ in	☒ into	☐ on	☐ of
	Hinweis: *turn into sth. = in etw. umwandeln*			
18.	☒ sent	☐ send	☐ scent	☐ sand
	Hinweis: *are sent = hier: werden gebracht*			
19.	☐ good	☐ much	☐ most	☒ worse
	Hinweis: worse = *schlechter*			

Part 4 – Text: Questions 20–25

Hinweis: *Lies den Text aufmerksam durch. Hier musst du zwischen verschiedenen Antworten wählen. Sieh dir auch alle Antworten genau an und entscheide, welche zutrifft. Schlage im Zweifelsfall im Wörterbuch nach.*

20. Matty Sallin used to
- A ☐ work as an electrician.
- B ☒ study at New York University.
- C ☐ be an accomplished artist.

Hinweis: *"... was working on a degree in art and technology at New York University ..." (Z. 1f.)*

21. Being wakened by an alarm clock
- A ☐ is something Matty Sallin really enjoys.
- B ☒ is strongly detested by many people.
- C ☐ is not always necessary in New York.

Hinweis: *Zeile 5–8*

22. Sallin's alarm clock
- A ☐ is all-wooden.
- B ☒ is built with a wooden cover.
- C ☐ smells of wood.

Hinweis: *"a wooden box" (Z. 9)*

23. The alarm clock
- A ☐ is in danger of burning.
- B ☐ is in flames.
- C ☒ doesn't use flames.

Hinweis: *"It uses halogen light bulbs instead of a flame for cooking ..." (Z. 11f.)*

24. When the bacon is done
- A ☐ remove it through the pig's nostrils.
- B ☒ the smell of it streams through the nostrils.
- C ☐ wait for ten minutes before eating it.

Hinweis: *"... a fan blows the scent out through the nostrils of the pig." (Z. 16f.)*

25. As a boy, Sallin
- A ☐ repaired an elevator for his tree house.
- B ☒ made a lot of sketches.
- C ☐ wrote programmes for computers.

Hinweis: *"... he spent a lot of time making drawings of inventions." (Z. 19)*

II. Writing

Hinweis: Auch in diesem Prüfungsteil darfst du das Wörterbuch verwenden.

Part 1 – Sentences

Hinweis: Überlege dir zu den einzelnen Sätzen Synonyme bzw. Umschreibungen.

1. Adam could not take his bass guitar on the plane.
   Adam wasn't **allowed to / able to** take his bass guitar on the plane.

2. Katie prefers playing the guitar to playing the keyboard.
   Katie likes playing the guitar **more than / rather than** playing the keyboard.

3. The room in the cellar is too cold for the band to practise.
   The room in the cellar isn't **warm enough** for the band to practise.

4. Katie has just finished her six-week singing course.
   Katie had her first singing lesson **six weeks ago**.

5. Pete doesn't play the drums as well as Jeff.
   Jeff is a **better drummer than / better drums player than** Peter.

6. Many fans thought the tickets for the concert were too expensive.
   Many fans thought the tickets for the concert **should have been / could have been / could be / should be** cheaper.

Part 2 – E-mail

Hinweis: Lies genau durch, was du tun sollst. Beachte, dass du alle Punkte ansprichst, die aufgeführt sind!
Zähle zum Schluss deine Wörter.

An: Paula@mail.uk Von: (deine Mail-Adresse)

Betreff: Plans for your stay

Hi Paula,

I'm looking forward to welcoming you to Germany!

I've got some information for you. You'll arrive at my school at nine o'clock. Tomorrow there will also be a change in the timetable; the fifth lesson will be Maths instead of PE.

On Tuesday we are going to meet at the museum in the city at 9 o'clock. The entrance fee is usually €2, but guest students only pay €1.

For activities from Wednesday to Friday please have a look at the notice board in our school.
Have a pleasant flight and see you tomorrow.

Love …
(dein Name)

(100 words)

Part 3 – Article

Hinweis: *Denke daran, dass du einen Artikel für die Schülerzeitung schreiben sollst. Vergiss dabei auch nicht die Überschrift. In dieser Musterlösung sind mehr Ratschläge angegeben, als du benötigst.*

Wichtige Informationen zum Thema Internetkriminalität

„Identity theft" bedeutet, dass deine Daten im Internet von jemandem gestohlen und zu kriminellen Zwecken verwendet werden.

Folgende Gefahren können drohen, wenn die eigenen Daten gestohlen wurden: Kriminelle können z. B. unter deinem Namen Konten eröffnen und sie können deine persönlichen Informationen im Internet verändern.

So kannst du dich vor Internetkriminalität schützen:
1. Sei vorsichtig bei bestimmten Websites. Es können Phishing Sites sein, die aussehen wie seriöse Seiten, aber dazu da sind, um Passwörter, Anmeldenamen, Kreditkartennummern etc. zu stehlen.
2. Verwende für jeden deiner Internet-Accounts ein anderes Passwort. Speichere die Passwörter niemals auf dem Computer.
3. Kaufe nur auf geprüften Websites ein. Verwende hierbei immer aktualisierte Antivirus- und Sicherheitssoftware, damit deine Daten sicher sind.
4. Gib nicht zu viel von dir in sozialen Netzwerken preis. Erledige auch niemals Bankgeschäfte, während du dich in einem sozialen Netzwerk befindest, sonst können andere Zugriff auf deine Bankdaten bekommen!

Part 4 – Text

Hinweis: *Hier kannst du eine Geschichte frei erfinden. Sie muss aber mit der Überschrift zu tun haben. Formuliere ganze Sätze und zähle zum Schluss deine Wörter.*

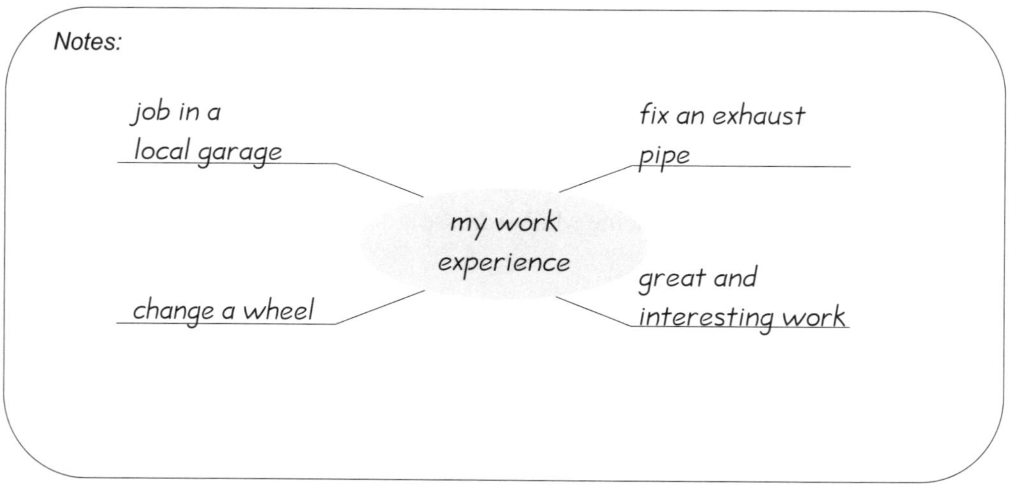

My favourite work experience

Last year I did a work experience in a local garage. Before I started I was a bit worried that the other car technicians didn't like girls in the garage, but everything and everybody was great.
At the beginning I did little jobs like making coffee and sweeping the workshop, but I was also allowed to change a wheel and do an oil change.
On my second day I helped a mechanic fix an exhaust pipe and then we went out for a test drive. Suddenly the exhaust pipe fell off, but we quickly fixed the problem.

My work experience was great and really interesting. I have always wanted to be a mechanic and now I have proved that it is the job for me. Perhaps I'll have a garage of my own someday. *(134 words)*

Sicher durch alle Klassen!

- Schülergerecht aufbereiteter Lernstoff mit anschaulichen Beispielen, abwechslungsreichen Übungen und erklärenden Lösungen zum selbstständigen Lernen zu Hause.
- Schließt Wissenslücken und gibt Sicherheit und Motivation durch Erfolgserlebnisse.

Mathematik Hauptschule

Mathematik Grundwissen 5. Klasse	Best.-Nr. 934051
Mathematik Grundwissen 6. Klasse	Best.-Nr. 934061
Mathematik Grundwissen 7. Klasse	Best.-Nr. 93407
Mathematik Grundwissen 8. Klasse	Best.-Nr. 93408
Mathematik Grundwissen 9. Klasse	Best.-Nr. 93409
Klassenarbeiten Mathematik 5. Klasse	Best.-Nr. 1030001
Klassenarbeiten Mathematik 6. Klasse	Best.-Nr. 1030002
Klassenarbeiten Mathematik 7. Klasse	Best.-Nr. 1030003
Arbeitsheft Mathematik 5. Klasse	Best.-Nr. 8350051
Arbeitsheft Mathematik 6. Klasse	Best.-Nr. 8350061

Deutsch Hauptschule

Deutsch Grundwissen 5. Klasse	Best.-Nr. 93445
Deutsch Grundwissen 6. Klasse	Best.-Nr. 93446
Deutsch Grundwissen 7. Klasse	Best.-Nr. 93447
Deutsch Grundwissen 8. Klasse	Best.-Nr. 93448
Zeichensetzung 5.–7. Klasse	Best.-Nr. 934413
Deutsche Rechtschreibung 5.–10. Klasse	Best.-Nr. 934411
Diktat 5.–10. Klasse	Best.-Nr. 934412
Arbeitsheft Deutsch 10. Klasse Hauptschule Mensch und Natur – Recht und Gerechtigkeit	Best.-Nr. 9354015
Arbeitsheft Deutsch als Zweitsprache – Grundkurs Lernfeld 1: „Ich und Du" mit MP3-CD	Best.-Nr. 1055401
Arbeitsheft Deutsch als Zweitsprache – Grundkurs Lernfeld 2: „Lernen" mit MP3-CD	Best.-Nr. 1055403
Arbeitsheft Deutsch als Zweitsprache – Grundkurs Lernfeld 3: „Sich orientieren" mit MP3-CD	Best.-Nr. 1055405

Kompakt-Wissen Hauptschule

Kompakt-Wissen Deutsch Aufsatz	Best.-Nr. 934401
Kompakt-Wissen Englisch Grundwortschatz	Best.-Nr. 934502
Kompakt-Wissen Englisch Themenwortschatz	Best.-Nr. 934501
Kompakt-Wissen Grundlagen der Mathematik	Best.-Nr. 934001

Englisch Hauptschule

Englisch Grundwissen 5. Klasse	Best.-Nr. 93455
Englisch Grundwissen 6. Klasse	Best.-Nr. 93456
Englisch Grundwissen 9. Klasse	Best.-Nr. 93451
Englisch Hörverstehen 9. Klasse mit MP3-CD	Best.-Nr. 93452
Klassenarbeiten Englisch 5. Klasse	Best.-Nr. 1035551
Klassenarbeiten Englisch 6. Klasse	Best.-Nr. 1035561
Arbeitsheft Bildungsstandards Englisch *Reading* Mittlerer Bildungsabschluss B1	Best.-Nr. 101550

Sprachenzertifikat

Sprachenzertifikat Englisch Niveau A2 mit Audio-CD	Best.-Nr. 105552
Sprachenzertifikat Englisch Niveau B1 mit Audio-CD	Best.-Nr. 105550

Vergleichsarbeiten 7. Klasse

Vergleichsarbeiten Mathematik 7. Klasse Hauptschule Baden-Württemberg	Best.-Nr. 835061

Geschichte · Sozialkunde · Erdkunde

Training Grundwissen Hauptschule Geschichte · Sozialkunde · Erdkunde	Best.-Nr. 93481

Arbeit · Wirtschaft · Technik

Training Grundwissen Hauptschule Arbeit · Wirtschaft · Technik	Best.-Nr. 93485

Ratgeber für Schüler

Richtig Lernen – Tipps und Lernstrategien 5./6. Klasse	Best.-Nr. 10481
Richtig Lernen – Tipps und Lernstrategien 7. – 10. Klasse	Best.-Nr. 10482

Von der Schule in den Beruf

- ✔ Für eine optimale Vorbereitung in kürzester Zeit
- ✔ Bewerbungsmappen schreiben und gestalten
- ✔ Einstellungstests trainieren
- ✔ Erfolgreich ins Vorstellungsgespräch

Hesse/Schrader – Die perfekte Bewerbungsmappe für Ausbildungsplatzsuchende mit CD-ROM	Best.-Nr. E10003
Hesse/Schrader – Crashkurs Bewerbung für Azubis	Best.-Nr. E10473
Hesse/Schrader – Training Vorstellungsgespräch mit CD-ROM	Best.-Nr. E10063
Hesse/Schrader – Die 100 wichtigsten Tipps für Ausbildungsplatzsuchende	Best.-Nr. E10104
Hesse/Schrader – Testtraining für Ausbildungsplatzsuchende	Best.-Nr. E10202

22-VT8

(Bitte blättern Sie um)

Erfolgreich durch die Abschlussprüfung 2013

Mathematik

Hauptschulabschlussprüfung 2013
Mathematik – Baden-Württemberg

Original-Prüfungsaufgaben 2007 bis 2012 zur gezielten Vorbereitung auf die Hauptschulabschlussprüfung. Dazu ein umfangreicher Trainingsteil mit wichtigen Begriffen, Beispielen und zahlreichen Aufgaben zum Rechnen mit und ohne Hilfsmittel. Behandelt auch die im Bildungsplan neu hinzugekommenen Kompetenzen. Im Format A4.

■ .... Best.-Nr. 83502

Lösungsheft zu Best.-Nr. 83502

Ausführliche und schülergerechte Lösungen zu allen Aufgaben mit hilfreichen Hinweisen und Tipps. Im Format A5.

■ .... Best.-Nr. 83505

Deutsch

Hauptschulabschlussprüfung 2013
Deutsch – Baden-Württemberg

Original-Prüfungsaufgaben 2007 bis 2012 sowie Übungsaufgaben im Stil der Prüfung (darin enthalten: Multiple-Choice-Aufgaben, diskontinuierliche Elemente: Tabellen, Diagramme etc.; Übungen zur Stoffsammlung und -ordnung: Mindmap etc. sowie Übungen zum adressatenbezogenen Schreiben).
Dazu Trainingsaufgaben mit ausführlichen Bearbeitungshinweisen sowie zahlreiche Übungen zu allen wichtigen Kernkompetenzen im Fach Deutsch. Ausführliche und schülergerechte Lösungen mit hilfreichen Tipps und Hinweisen zu allen Aufgaben. Im Format A4.

■ .... Best.-Nr. 83541

Englisch

Hauptschulabschlussprüfung 2013
Englisch – Baden-Württemberg mp3

Enthält die zentral gestellten Abschluss-Prüfungsaufgaben 2009 bis 2012 sowie Übungsaufgaben zu den prüfungsrelevanten Kompetenzbereichen Hörverstehen, Leseverstehen, Schreiben und Sprechen. Mit ausführlichen, schülergerechten Lösungen und nützlichen Hinweisen zum Ablauf der Prüfung. Inkl. Kurzgrammatik zum schnellen Nachschlagen und MP3-CD. Im Format A4.

■ .... Best.-Nr. 83556

Sammelband Hauptschulabschlussprüfung

Sammelband Hauptschulabschlussprüfung
Mathematik, Deutsch, Englisch
Baden-Württemberg

Kompakte Vorbereitung auf die Abschlussprüfung in Mathematik, Deutsch und Englisch. Jeweils mit den Jahrgängen 2008–2012 sowie hilfreichen Tipps zur Prüfungsvorbereitung. Im Format A4.

■ .... Best.-Nr. 83403

Lösungsheft zu Best.-Nr. 83403

Ausführliche und schülergerechte Lösungen mit Hinweisen und Tipps im separaten Lösungsheft. Im Format A5.

■ .... Best.-Nr. 83404

Sammelband Werkrealschulabschluss

Abschlussprüfung 2012 Mathematik, Deutsch, Englisch – Werkrealschule Klasse 10 – Baden-Württemberg

Enthält die Original-Abschlussprüfungsaufgaben 2009 bis 2012 der Fächer Mathematik, Deutsch und Englisch sowie Übungsaufgaben im Stil der Prüfung. Mit Lösungen. Im Format A4.

■ .... Best.-Nr. 83410

Sämtliche Informationen zu unserem Gesamtprogramm und zum Verlag finden Sie unter www.stark-verlag.de!

- ■ Umfassende Produktinformationen
- ■ Aussagekräftige Musterseiten
- ■ Inhaltsverzeichnisse zu allen Produkten
- ■ Selbstverständlich können Sie auch im Internet bestellen.

Bestellungen bitte direkt an: STARK Verlagsgesellschaft mbH & Co. KG · Postfach 1852 · 85318 Freising
Tel. 0180 3 179000* · Fax 0180 3 179001* · www.stark-verlag.de · info@stark-verlag.de
*9 Cent pro Min. aus dem deutschen Festnetz, Mobilfunk bis 42 Cent pro Min. Aus dem Mobilfunknetz wählen Sie die Festnetznummer: 08167 9573-0

Lernen · Wissen · Zukunft
STARK